U0390779

"十三五"国家重点出版物出版规划项目

 转型时代的中国财经战略论丛 ◢

碳排放的三驱动框架及现实选择

张明志　著

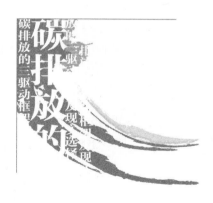

中国财经出版传媒集团

经济科学出版社
Economic Science Press

图书在版编目（CIP）数据

碳排放的三驱动框架及现实选择/张明志著 . —北京：
经济科学出版社，2019.6
（转型时代的中国财经战略论丛）
ISBN 978 - 7 - 5218 - 0536 - 9

Ⅰ. ①碳…　Ⅱ. ①张…　Ⅲ. ①二氧化碳 – 排污交易 –
研究 – 中国　Ⅳ. ①X511

中国版本图书馆 CIP 数据核字（2019）第 088088 号

责任编辑：于海汛　陈　晨
责任校对：王苗苗
责任印制：李　鹏

碳排放的三驱动框架及现实选择
张明志　著
经济科学出版社出版、发行　新华书店经销
社址：北京市海淀区阜成路甲 28 号　邮编：100142
总编部电话：010 - 88191217　发行部电话：010 - 88191522
网址：www. esp. com. cn
电子邮件：esp@ esp. com. cn
天猫网店：经济科学出版社旗舰店
网址：http：//jjkxcbs. tmall. com
北京季蜂印刷有限公司印装
710 × 1000　16 开　10 印张　160000 字
2019 年 6 月第 1 版　2019 年 6 月第 1 次印刷
ISBN 978 - 7 - 5218 - 0536 - 9　定价：36. 00 元
（图书出现印装问题，本社负责调换。电话：010 - 88191510）
（版权所有　侵权必究　打击盗版　举报热线：010 - 88191661
QQ：2242791300　营销中心电话：010 - 88191537
电子邮箱：dbts@ esp. com. cn）

序

一直以来，人类对工业革命是"既爱又恨"：爱它，是因为工业革命带来的工业化将人类带入了真正意义上的现代社会，人类财富和人口数量在工业化的推动下急剧增长，人类享受了工业革命带来的极其丰裕的物质生活；恨它，是因为工业革命带来了一系列负面效应，环境污染、气候变化、物种消亡让地球家园"伤痕累累"，物欲横流、贫富分化、丛林法则使人类的人性退化。在工业革命带来的负面效应中，碳排放效应最为引人关注。这是因为碳排放及其引起的温室效应直接关系到人类的生死存亡。如果不及时遏制碳排放引起全球气候变暖趋势，人类的未来生存之路只能是"流浪远方"。然而，人类之所以能够生生不息，就是因为他们知道如何趋利避害和及时纠错，知道如何用好工业革命这柄"双刃剑"。第一次工业革命和第二次工业革命，主导国家走的是"先污染后治理"的路子，遗祸仍在；第三次工业革命，主导国家走的是"边污染边治理"的路子，效果不佳；第四次工业革命，主导国家开始探索"不污染仍治理"的路子，前景可期。新工业革命及其倡导的绿色发展模式给人类带来了希望。

中国错失了前两次工业革命的契机，未能凭借主导工业革命而成为现代意义上的经济强国，留下了"李约瑟遗憾"。然而，中国赶上了第三次工业革命的末班车，并有望成为第四次工业革命的主导者。中国的经济发展方式和在新工业革命中的导向作用将对人类进步产生方向性影响。全人类都应该感到庆幸的是，中国经济经过长达40年的快速增长后进入了"新常态"，中国人正在主动变革经济增长方式。党的十九大报告明确提出，中国经济已由高速增长阶段转向高质量发展阶段，正处在转变发展方式、优化经济结构、转换增长动力的攻关期，必须坚持质量第一、效益优先，以供给侧结构性改革为主线，推动经济发展质量变革、效率变革、动力变革，提高全要素生产率，着力加快建设实体经济、科技创新、现代金融、人力资源协同发展的产业体系。中国人正用自己的智慧给全人类做出经济发展和产业转型方面的榜样和表率。

新工业革命时期，绿色发展成为人类自我救赎的唯一路径，也是中国经济实现高质量发展的题中之义。降低能源消耗、减少碳排放、控制温室效应，是人类的共同责任，也是中国作为负责任大国公开做出的庄严承诺。中国是发展中大国，正处于加快推进新型工业化进程中，制造业是立国之本、兴国之器、强国之基，是实体经济的主体、国民经济的基础、服务经济的支撑，是构建现代产业体系的重要基础。制造业是中国经济的命脉，也是能源消耗和污染排放的大户，占国民生产总值（GDP）比重28%的制造业占了中国碳排放总量的70%。因此，控制碳排放，制造业是重点，需要加快推进制造业转型升级和高质量发展。

20世纪70年代以来，学术界开始关注碳排放及其驱动因素，逐渐形成了以经济增长、技术进步和人口变动为主要驱动力的研究思路。围绕碳排放的理论研究，主要是将碳排放纳入经济增长理论分析框架，寻求新的经济均衡，进而对碳排放的变动规律提出理论层面的推论与假设。围绕碳排放的经验研究，主要是基于Kaya恒等式和IPAT模型等检验经济增长与碳排放的关系，探究碳排放效应及其影响因素。无论是经验研究，还是理论研究，对经济增长和技术进步的碳排放效应研究较为充分，而对产业结构变动的碳排放效应研究相对不足。张明志博士的新著《碳排放的三驱动框架及现实选择》就是要结合中国转型经济的结构性特征，在碳排放驱动因素中加入产业结构变动因素，拓展碳排放分析框架。这一大胆创新和尝试是值得肯定和嘉许的。

总体来看，张明志博士的专著具有以下几个方面的特色和创新：

一是通过构建碳排放三驱动内生增长模型，分析了经济增长、产业结构变动和技术进步的碳排放效应，预测了我国的碳排放双约束目标实现情况。专著从理论层面分析了经济增长、产业结构变动的碳排放效应，在阿西莫格鲁等（Acemoglu et al.，2009）基于环境约束的内生增模型的基础上，进一步加入产业结构变动，丰富模型分析维度。在保留清洁部门、污染部门两部门生产的基础上，引入部门发展水平比重，增强清洁、污染部门比例发展的碳排放效应的理论内涵。从实证层面分析了经济增长、产业结构变动、技术进步三驱动的效应，内生互动效应。以三驱动内生增长模型为基础，采用情景分析方法预测了我国 2025 年和 2030 年两个关键时间节点碳排放双约束目标的实现情况。

二是以"发展水平"和"发展结构"两大维度为划分依据，引入贸易开放程度，采用门限回归理论方法，化解碳排放 EKC"异质性难题"，重新检验经济增长的碳排放效应。通过"发展水平"和"发展结构"两个维度分析"异质性难题"的主要因素，提出区分与不加区分两种情况下的结论偏差理论假设。通过门限分组及固定效应分析等主要计量方法，将样本国家进行最大程度的"异质性"弱化，并得到"异质性难题"化解后的主要结论。通过得到的主要结论，对发达国家与发展中国家，工业化国家与非工业化国家的碳减排工作进行"对症下药"，使经济增长的碳排放效应达到最优。

三是运用改进的失衡度法分析产业结构变动的碳排放效应，提出实现结构优化、资源优化配置、低碳发展三者共赢发展导向的减排路径和政策建议。专著以中国制造业为例，对产业结构失衡水平进行评价，得到中国制造业低碳化导向的产业结构变动情况，并对行业间分配情况进行测算。改进的失衡度法是在既有的劳动、资本两种要素的基础上加入了技术要素，使得产业结构的合理性评价更加科学。产业结构的合理性与制造业低碳化发展之间的关联分析也表明，低碳化与合理化发展是可以共存的。

张明志博士的专著是在其博士论文《经济增长与产业结构变动的碳排放效应研究》的基础上修改而成的。作为他的博士论文指导老师，我对他读博期间的成长过程和博士论文研究过程记忆深刻，很多事情仍历历在目。在他读博期间，我对他的要求近乎严苛；在他博士毕业后，我们由师生关系演变成了好友关系。对于任何一名攻读博士学位的学者而言，读博的过程都是一次"炼狱"的过程、一次脱胎换骨的过程、一次浴火重生的过程，张明志博士也不例外。从入校到离校，四年中他付出了多于常人的努力，克服了难以想象的艰辛，也收获了令人骄傲的成绩。正是由于研究工作十分扎实，他的博士论文获得匿名评阅人和答辩委员会的高度评价。我相信，经过两年的反复修改，脱胎于博士论文的专著也定是学术上品。看到自己的学生能够青出于蓝而胜于蓝，心中甚是欣慰，喜悦之情难以言表。

　　学术之路，艰辛劳累但多彩多姿。专著出版，既是对前几年科研工作的简要小结，也是未来科研的新起点。希望张明志博士在后续研究中能将制造业转型升级与碳排放效应更好地结合起来，积极探索新工业革命背景下中国制造业绿色化发展的路径，为推动中国制造业高质量发展献计献策。

　　是为序，也为祝贺。

2019 年 3 月于泉城济南

前　言

　　长期以来，作为非常重要的一种环境污染物，碳排放受到人类广泛关注。这主要缘于碳排放不仅能够带来全球气候变化，同时也能引发诸多自然灾害的连锁反应。碳减排工作对于维护人类根本利益、保证长远发展具有十分重要的意义。经济总体的碳减排工作的顺利进行需要依赖经济各行业的整体配合、合理分配。本书紧紧围绕碳减排这一核心议题，在已有研究较为成熟的经济增长、技术进步的两驱动碳排放效应分析框架下，进一步加入产业结构变动，形成碳排放效应分析的三驱动框架。这不仅充实了碳排放的理论研究，而且为碳排放效应的准确分解、碳减排目标的合理分配提供了更加完善、系统的理论支持。在三驱动框架的理论分析基础上，本书就碳排放测算、经济增长的碳排放效应、产业结构变动的碳排放效应、我国碳排放预测及减排目标的实现、经济增长与产业结构变动视角下的碳减排路径及产业选择进行了系统、翔实的分析阐述，使本书达到理论与现实相结合、实证与应用相统一。

　　总体来讲，本书具体解决五个问题，主要内容分别如下：

　　第一，碳排放三驱动框架的构建。通过改进阿西莫格鲁等（Acemoglu et al.，2009）的环境约束的内生增长模型，构建了包含经济增长、产业结构变动、技术进步的内生增长模型。保留了原有的清洁品投入和污染品投入的两部门划分，将碳排放引入模型中。通过企业的最优行为决策分析发现，产业结构变动效应成为资源在企业间流动的重要驱动力。通过设定技术内生的路径，将原有的碳排放公式中的技术进步效应进行更新，从整体上分解为经济增长、产业结构变动和技术进步三大效应。

　　第二，碳排放测算与分析。采用联合国政府间气候变化专门委员会

（IPCC）的参考方法，本书从生产者和消费者两个角度对中国工业的碳排放进行整体和细分行业测算。生产者角度测算时间段为 1991～2013 年，消费者角度测算时间段为 1995～2010 年的 6 个年份。通过测算分析发现，制造业生产者角度碳排放长期占据工业总体碳排放 80% 以上，一度超过 90%。黑色金属冶炼及压延加工业、非金属矿物制品业、化学原料及化学品制品业排放最多。在消费者角度的碳排放测算方面，发现制造业细分行业一半以上属于净出口隐含碳行业。制造业隐含碳排放绩效出现全面持续上升局面，进出口隐含碳排放密集度呈现两极分化趋势。为推动净出口隐含碳绩效提高，应适度鼓励发展化学纤维制造业，服装及其他纤维制品业，皮革、毛皮、羽绒及其制品业。

第三，经济增长的碳排放效应。通过认识和利用碳排放规律，可以明显提高碳减排的投入产出，起到"四两拨千斤"的作用。通过划分"发展水平"和"发展结构"两个维度，引入贸易开放因素，利用门限回归方法，对 82 个有效样本国家进行碳排放 EKC 的再检验，化解原有碳排放 EKC 检验中的"异质性难题"，为不同发展层次国家的碳减排提供了更具针对性的政策建议。在碳排放 EKC 再检验的同时，进一步验证了"污染天堂假说"的存在，提出了碳排放核算新体系的实现路径。另外，在行业内部检验碳排放 EKC 的存在性。通过采用方程检测、模型检验，发现制造业内部 EKC 并不存在。

第四，产业结构变动的碳排放效应。通过利用改进的失衡度法，衡量了我国制造业的产业结构合理化。借助产业失衡测算结果，提出产业过度发展优于不足发展的研究假说。借用 Kaya 恒等式的分析框架，利用固定效应模型，证明了研究假说。在制造业低碳化产业结构调整方面，应该重点扶持发展单纯劳动型产业，尤其以木材加工及竹、藤、棕、草制品业和家具制造业为重。另外，通过灰色关联分析方法，从产业产值比重的角度分析了产业结构变动与碳排放之间的关系。研究发现，印刷业、记录媒介的复制，家具制造业，黑色金属冶炼及压延加工业，橡胶和塑料制品业与碳排放关联性最强。

第五，中国碳排放预测及减排目标实现。在三驱动模型的基础之上，构建三驱动模型下的碳排放三大效应检验方程。进一步通过协整检验发现经济增长的碳排放效应具备长期稳定性和预测性。通过考虑进"新常态"经济发展速度和"单独二孩"全面放开等最新政策环境因素，设定了三种不同情景下的经济增速，并预测了我国 2030 年碳排放的变动情况。预测发现，我国碳排放峰值目标的实现在缺乏碳管制配合的条件下存在一定的难度；碳强度的约束目标则在三种情景下均可实现。碳排放目标约束的实现压力要大于碳强度。在碳排放权交易体系日益成熟、碳排放管制政策体系更趋完善的背景下，碳排放峰值的目标实现将更趋乐观。

就在不久前，2018 年诺贝尔经济学奖揭晓，耶鲁大学威廉·诺德豪斯教授与保罗·罗默教授荣膺这一殊荣。诺德豪斯教授长期致力于气候变化与经济增长之间的关联性研究，荣誉的取得也证实了碳排放与经济增长之间关联性研究的重要性与价值性。希望通过本书的研究，可以将全球气候变化这一问题的解决进一步通过三驱动框架纳入经济学分析系统，为决策者提供一定参考，为生产者带来一点启示，为消费者带来一些警示。另外，需要说明的是，本书的主要内容来自笔者的博士论文。特别感谢笔者恩师余东华教授的关怀、帮助、指导。因笔者水平能力有限，书中难免会有遗漏、错误、不足，恳请读者朋友指正，笔者将进一步修订。

目　录

転型时代的中国财经战略论丛

第1章　碳减排的时代要求

1.1　国际背景

近百年来，全球气候变暖问题日益成为全世界关注的焦点。已有资料表明：1906～2005 年，全球平均地表温度上升了 0.74℃。温度上升不仅令一些诸如水涝、干旱、飓风、酷热等极端天气时有发生，更会引起海平面的上升，造成一些居民居无定所。据 IPCC 的报告[①]，按照目前的全球变暖趋势，到 2100 年，全球海平面上升将超过一米，这一水平足以令亚洲超过一亿人口被迫离开家园。所以，控制温室气体排放，关乎人类的生存，势在必行。根据《京都议定书》，温室气体包含二氧化碳（CO_2）、甲烷（CH_4）、氧化亚氮（N_2O）、氢氟碳化合物（HFC_S）、全氟碳化合物（PFC_S）、六氟化硫（SF6），共 6 种。其中，二氧化碳排放的温室气体效应最大，所以温室气体排放也一般用碳排放来代替[②]。

控制碳排放应该建立在对碳排放主要驱动力的全面正确认识上。自20 世纪 70 年代以来，围绕碳排放驱动力的研究日益增多，主要形成了以经济增长、技术进步为主要驱动力的研究思路。而在经济增长的视角

---

① 联合国政府间气候变化专门委员会（Intergovernmental Panel of Climate Change，IPCC）始建于 1988 年，旨在提供有关气候变化的科学技术和社会经济认知状况、气候变化原因、潜在影响和应对策略的综合评估。自 1988 年成立以来，IPCC 已编写了五套多卷评估报告。IPCC和美国前副总统阿尔·戈尔荣获了 2007 年诺贝尔和平奖，以表彰他们在气候变化方面所做的工作。IPCC 官方网站为 http：//www.ipcc.ch/。

② 本书的碳排放研究中仅对二氧化碳进行考察，不涉及其他温室气体。在本书中，碳排放与二氧化碳排放等价。

下，碳排放环境库兹涅茨曲线（Environmental Kuznets Curve，EKC）的研究更是达到了十分广泛的程度。比如碳排放 EKC 的研究结论是，经济增长与碳排放之间很可能存在一种倒 U 形关系的曲线。在经济增长过程中，环境质量存在一种自我恢复机制。该结论对于碳减排工作而言是十分有利的，即，碳管制对于长期的可持续发展而言不是必要的（不包括碳减排的阶段性目标）。另外一种必要驱动力是技术进步。技术进步对碳排放的驱动方向较为一致，即显著减少了碳排放。这些认识的进一步准确化都对碳排放的良好控制起到了非常重要的指导作用。

经过改革开放以来的快速发展，中国制造业产值占世界制造业产值的比重达到 19.8%，超过美国成为世界头号制造业大国。然而，我国仍非制造业强国，制造业高投入、低产出和高污染、低附加值的矛盾十分突出，产能过剩现象十分严重。我国制造业之所以能够迅速崛起，一个重要原因就是依赖比其他国家更低的工人工资、更廉价的土地等自然资源以及更高的环境污染容忍度形成的综合比较成本优势。然而，进入21 世纪以来，中国制造业发展环境发生了深刻变化，面临着双重约束：一是要素价格上涨势头较快，制造业成本上升的压力越来越大。随着人口红利的逐渐消失、世界原材料价格的持续上涨、土地使用价格的上升，以及人民币汇率持续攀升，中国制造业要素成本上升的速度越来越快，"中国制造"的低成本优势逐步丧失。二是低碳经济条件下的环境规制趋紧，制造业节能降耗减排的压力越来越大。一方面，由于低碳经济在全球的兴起，世界各国环境保护力度加大，绿色制造、绿色贸易和碳关税逐渐兴起，使得中国制造业面临的节能减排压力增大；另一方面，多年粗放式发展所带来的高污染使得中国生态环境变得空前脆弱，生态系统濒临崩溃，这也将倒逼中国制造业增加节能减排的投入。同时，全球金融危机使得欧美国家从虚拟经济的美梦中觉醒，开始回归实体经济，实施制造业"再工业化"战略；新一轮工业革命已经初露端倪，新技术革命方兴未艾，大数据应用、三维（3D）打印、智能制造等先进制造技术和制造方式层出不穷。显然，低碳经济与经济增长、产业结构变动、技术进步的关系处理对于新时期的我国经济发展而言显得异常重要。

党的十八大以来，面对国内外形势的风云变幻，国民经济下行压力

逐渐增加，我国经济发展逐步步入新常态。面对保增长的艰巨任务和碳
减排的目标约束，制造业转型升级是否成功将决定着这两项任务能否顺
利实现。在经济的总体碳排放中，工业的碳排放占到 2/3 左右。而在工
业的碳排放中，制造业碳排放又占到最大比例①。所以要控制经济的总
体碳排放，首先要控制制造业的碳排放水平。我国于 2009 年以来相继
提出一些碳减排承诺性目标，如图 1 - 1 所示。这些郑重承诺能否实现
也与制造业的碳减排成功与否息息相关。另一方面，制造业是国民经济
的基石。碳减排一方面可以起到保护环境的作用，另一方面也可以降低
未来制造业的生产成本。随着碳减排兑现期的逐步临近，环境规制程度
将持续趋紧，制造业为碳排放所付出的成本将不断提高，这对制造业国
际竞争力的提高将构成严峻挑战。所以，高竞争力导向下的碳减排路径
便成为一个很有价值的研究问题。实际上，除削减生产这一最直接的碳
减排方案外，提高技术水平、优化产业结构、采用新能源等都可以间接
降低产业碳排放水平，而且可以促进制造业转型升级。所以，通过研究
经济增长、技术进步、产业结构变动与碳排放的关系，可以为我国的碳
减排尤其是制造业碳减排目标的实现提供重要支撑。

3

图 1 - 1　中国政府碳减排目标承诺时间路线

---

①　根据涂正革（2012）的研究，制造业的碳排放占到工业总碳排放的 2/3 以上。

目前的碳减排原则是基于生产国原则的责任分配，即"谁生产、谁负责"。这一原则对我国的碳减排进程形成了严峻挑战。这主要存在两点原因：一是我国仍然属于发展中国家，工业化起步较晚，错过了碳排放约束不强的发展阶段。目前，碳排放的环境规制程度越来越强，惩罚越来越严厉，发达国家的工业化开始较早，并且顺利地完成了工业化发展，因而碳减排的代价很小。发展中国家工业化发展较为滞后，却需承担高强度的减排责任，这并不公平，但却是现状。二是我国目前的产业结构对碳减排目标实现构成严峻挑战。我国工业内部，尤其是制造业内部，劳动力密集型产业仍然占据较大比例，发达国家的跨国企业仍然在中国进行加工贸易，利用中国的廉价劳动力资源赚取了高额收益，然而由此产生的碳排放却要由中国承担。这显失公平，但却也是现状。因此，严峻的现实迫切要求中国的产业发展找到一条符合自身情况的碳减排路径。

综上可以看出，碳减排既是当前国际大背景下顺应时代发展的必然要求，又是我国经济发展过程中必须考虑的一大约束。本书围绕碳排放的三驱动要素展开讨论研究，丰富了我国经济发展与碳排放之间存在的规律内容，阐释了产业结构优化与碳减排的共赢实现路径，深化了技术进步对碳减排的传导机制研究。同时，三驱动的内生互动性，更是能在把握碳排放的各驱动力分效应情况下明晰碳排放的净效应，为政策制定者提供更加丰富的中观机制，进而保证碳减排投入成本更小，产出收益更大。无疑，本书的研究无论从理论层面还是从现实层面，都具有非常重要的研究意义与价值。

1.2 研 究 进 展

碳排放属于环境经济学的重要范畴。埃利希，霍尔德伦（Ehrlich & Holdren，1971）最先对环境质量的影响因素进行研究，提出了 IPAT 模型，即环境质量的变动主要受到人口、财富、技术三大因素的影响。而诺德豪斯（Nordhaus，1974）进一步地将环境质量的研究引申至二氧化碳排放。对于碳排放研究最为集中的时间段为 20 世纪 90 年代以来的时间段，本书从经验研究、理论研究及碳排放影响因素三个方面来进行梳理。

1.2.1　经验研究

经验研究即实证研究，是基于经济体中已经出现的大量事实而提出研究对象的一系列假设，并利用已有数据进行检验。碳排放的经验研究主要包括 IPAT 模型系列、Kaya 恒等式、经济发展阶段假说三块研究内容。

IPAT 模型的由来最为悠久。埃利希、霍尔德伦（1971）首次提出对环境质量的影响可以分成人口（population）、财富（affluence）、技术（technology）三种，也就是 IPAT 模型，这一模型是线性估计模型。该模型提出后的较长时间并没有延伸到碳排放的影响因素研究上来。直到 20 世纪 90 年代，开始有学者来考虑运用 IMPAT 模型对碳排放影响因素进行研究。迪茨、罗绍（Dietz & Rosa，1994）先是对 IPAT 模型进行重新思考。后来，迪茨、罗绍（1997）建立了一个 IMPAT 模型的随机版本，将其由线性模型调整为非线性回归模型，即 STIRPAT 模型（Stochastic Impacts by Regression on Population，Affluence and Technology）。同时，文章利用 1989 年 111 个国家的数据，实证发现人口对二氧化碳排放的影响因素并不大，而人均国民生产总值与二氧化碳排放之间存在倒 "U" 形关系，且拐点为 10000 美元左右。该研究是对 IMPAT 模型研究的成功检验与突破性拓展。这表明经济增长对碳排放的影响不可忽视，是一个主要驱动力。瓦格纳等（Waggoner et al.，2002）对 IMPAT 模型进行了解释变量的拆分，将技术进步拆分为能源强度和单位能源碳排放两个变量，从而令 IMPAT 模型变为 IMPACT 模型。至此，IMPAT 已经逐渐延伸出其他两类模型，即 STIRPAT 模型和 IMPACT 模型。而关于这三个研究模型的比较，约克等（York et al.，2003）做了比较系统的研究工作。比较工作是从实际分析的效果角度进行的，通过加入环境弹性（Environmental Elasticity，EE）的概念，延展了 STIRPAT 模型的实证分析效用，并通过实证分析印证了这一点。后来，应用研究基本围绕 STIRPAT 模型展开。比如我国的林伯强和蒋竺均（2009），李国志和李宗植（2010），何小钢和张耀辉（2012）都应用 STIRPAT 模型分别对我国的总体经济、省域及工业行业的二氧化碳排放影响因素进行了实证研究。由此，经济增长与技术进步成为 IMPAT 模型系列中最有解释力的因素。

Kaya 恒等式是日本学者茅阳一（Yoichi Kaya，1989）提出的。其具体做法是通过一种因式分解的方式，将二氧化碳排放与经济发展水平、人口数量、能源强度与能源碳强度之间建立起了一种稳定的相关关系[①]。这一恒等式在后续的碳排放影响因素研究中逐渐流行，并取得了诸多研究成果。杜罗和帕迪利亚（Duro & Padilla，2006）采用泰尔指数分解法（Theil Index Decomposition）将 Kaya 恒等式的 4 个解释变量对人均碳排放的影响力大小进行比较，实证研究发现：人均收入最重要，能源碳强度和能源强度次之。麦科勒姆和杨（McCollum & Yang，2009），杨等（Yang et al.，2009）采用 Kaya 恒等式研究了减排的可能性。除此之外，一些学者在 Kaya 恒等式的基础上进行扩展，加入其他的变量。比如，朱勤等（2009）加入了能源消费结构和产业结构变动两项，发现能源消费结构和产业结构变动效应对碳排放呈反向影响。林伯强和刘希颖（2010）引入了城市化的发展水平和水泥产量两个新变量，通过实证研究发现，人均国民生产总值和能源强度是最显著的影响因素。新加入的城市化发展水平、水泥产量两个变量也产生一定的影响，且都呈正向影响。

与 Kaya 恒等式和 IMPAT 模型系列不同，经济发展阶段假说是指对碳排放和经济发展水平之间存有的或有规律的探讨、检验和分析。其中研究最为广泛的便是 EKC。EKC 即环境库兹涅茨曲线（Environmental Kuznets Curve），指环境质量与经济发展水平之间的关系。由于其形状与库兹涅茨曲线类似，即倒 U 形，所以被称为环境库兹涅茨曲线。而如果将环境质量的主要污染物碳排放作为被解释变量，则就产生了碳排放 EKC。碳排放 EKC 的含义是碳排放在经济的发展中存在拐点，在经济发展的较低阶段，碳排放随着经济发展逐渐增长。当经济发展到一定的程度，即拐点时点时，碳排放达到顶点，并转而下降。碳排放 EKC 如果存在，那么其是非常有价值的，因为它证明了经济发展与碳减排在长远发展上的兼容性，即碳减排不会影响经济在某种阶段之上的高速发展。也正因为这种规律的证明的价值性，围绕它的存在性的证明工作见之于诸多文献。首先，格罗斯曼和克鲁格（Grossman & Krueger，1991）

---

① 能源强度指单位产值能源利用率，即能源的利用效率；能源碳强度是指单位能源的碳排放量。

是 EKC 的最早研究者，并认同该曲线的存在性。后续支持该研究的有赛登和宋（Selden & Song，1994）、罗卡和安德拉（Roca & Hntara，2001）、加莱奥塔和兰萨（Galeottia & Lanza，2005）等。而安格拉斯和查普曼（Agras & Chapman，1999）、里士满和考夫曼（Richmond & Kaufmann，2006）、安佐马乌等（Azomahou et al.，2006）、何和理查德（He & Richard，2010）则认为该曲线并不存在。比较有代表性的是迪茨（Dietz，1996）研究发现倒 U 形的 EKC 是存在的。夏菲克和班德亚帕德耶（Shafik & Bandyopadhyay，1992）否定了环境库兹涅茨曲线的存在，认为二者呈现线性关系，不存在拐点。我国的部分学者也进行了大量相关研究，比如林伯强和蒋竺均（2009）研究认为 EKC 存在，但拐点值大大超过目前我国的发展水平，在 2040 年之后才会出现。许广月和宋德勇（2010）从区域的角度研究发现，我国东部和中部地区存在碳排放 EKC，但西部地区却不存在。李锴和齐绍洲（2011）运用我国的省际面板数据，发现人均国民生产总值与二氧化碳排放量呈倒 U 形关系。而付加峰等（2008）、夏艳清等（2010）则通过研究没有发现该曲线存在。还有一些学者认为环境质量和经济发展水平之间存在关系，但根据条件不同，形状不一。比如，韩玉军和陆旸（2009）就认为针对该规律的研究应该考虑国家经济的发展阶段，通过分组研究发现，"高工业，高收入"组存在倒 U 形的库兹涅茨曲线，"低工业，低收入"和"低工业，高收入"表现出波浪形结构，"低工业，低收入"的国家则只存在微弱的倒 U 形关系。该研究进一步将经济增长的碳排放效应研究推向新高度。

　　综合来看，碳排放的经验研究发现经济增长与碳排放之间的关系最为密切，且在经济的不同发展阶段或许会存在不同的影响。技术进步对碳排放的影响较为明确，即会显著地降低碳排放。其他因素的影响则研究较少，没有形成系统研究。

1.2.2　理论研究

　　碳排放的理论研究是指将碳排放纳入理论框架，寻求新的经济均衡，进而对碳排放的变动规律提出理论层面的推论与假设。

　　福斯特（Forster，1980）将污染排放引入新古典经济模型，并以此分析了经济增长对污染排放的影响，构建了碳排放效应研究的单驱动模型。耶鲁大学诺德豪斯（Nordhaus）教授从 20 世纪 70 年代开始关注碳排放的经济效应，潜心研究近 20 年后，于 1992 年扩展了新古典拉姆齐模型（Ramsey Model），创立动态系统气候—经济模型（Dynamic Integrated Climate – Economy Model，DICE）。该模型第一次将气候变化与经济两大系统放到一般均衡框架中，在考虑进经济系统微观基础的情况下，使得反馈效应更加真实。在经济增长模型中，内生技术进步对碳排放与经济增长的关系预测将起到至关重要的作用。一些研究证实了内生技术进步的存在（Newell et al.，1999；Popp，2001），内生技术进步对经济增长与环境质量之间的关系研究具有重要启示性作用（Jaffe et al.，2002），忽视技术进步可能会夸大经济增长对环境的影响（Sue Wing，2003；Manne & Richels，2004）。这也意味着碳排放理论研究应该建立在内生增长框架下。格吕布勒等（Grubler et al.，2002）、迪玛利亚和瓦伦特（Di Maria & Valente，2006）和格里莫和罗赫（Grimaud & Rouge，2008）便是基于内生增长框架对碳排放影响因素进行了理论研究，进一步将碳排放效应研究的理论模型由单驱动向双驱动方向拓展。值得注意的是，在碳排放与经济增长的理论研究中，由早期的经济增长对碳排放的影响，逐渐转移到碳排放对经济增长的影响。其中，比较典型的研究为阿西莫格鲁等（2009）。该研究将碳税设定为清洁和污染投入品替代性程度、环境资源存量、国家之间的溢出效应的函数，目标函数为取得可持续增长，以实现最大化跨期福利。阿西莫格鲁等（2009）认为，碳税和清洁生产补贴应该同时进行，过度依赖碳税将扭曲生产。申萌等（2012）在借鉴阿西莫格鲁等（2009）等模型的基础上，构建了包含技术进步和经济增长的碳排放双驱动内生增长模型，考察了技术进步对碳排放的直接效应和间接效应。

1.2.3 碳排放影响因素研究

根据理论研究和经验研究，对碳排放基本的影响因素包括经济增长、技术进步、人口三种①。由于人口因素研究发现无论在传导机制还

---

① 能源强度和能源碳强度都可以看作技术指标。

是实证结果中均解释力较弱,所以经济增长和技术进步便成为碳排放的最主要影响因素。而在这两大驱动因素之外,一些学者也逐渐通过对范式进行扩展,尝试性的加入其他可能的影响因素,为碳减排寻找更多的切入点。其中,产业结构变动逐渐成为关注较高的另一大因素。这种关注是十分必要的,因为经济增长需要辅之以产业结构的优化,如果产业结构不协调,经济增长无法实现可持续性。碳排放主要影响因素研究情况,如表 1 - 1 所示。

表 1 - 1 　　　　　　　主要影响因素研究情况

影响因素	范式	方向	代表研究
经济水平	Kaya 恒等式,IMPAT 模型系列	正向	徐国泉等(2006)刘红光等(2009)
技术水平	Kaya 恒等式,IMPAT 模型系列	反向	郭朝先等(2010)
人口	Kaya 恒等式,IMPAT 模型系列	正向	朱勤等(2009)
二次产业比重	Kaya 恒等式拓展式	正向	张友国(2010)
产业结构合理化	IMPAT 模型系列	反向	吕明元等(2012)
城市化水平	Kaya 恒等式拓展式	正向	林伯强等(2010)
水泥	Kaya 恒等式拓展式	正向	林伯强等(2010)
人均收入	Kaya 恒等式,IMPAT 模型系列	正向	王锋等(2010)
煤炭占比	Kaya 恒等式扩展式	正向	徐国泉等(2006)
经济结构重型化	Kaya 恒等式	正向	涂正革等(2012)

资料来源:笔者根据研究文献整理。

产业结构变动的概念较广,如果涉及经济总体,应考察三大产业的比例情况,而如果涉及具体某个行业,该行业的细分产业的比例情况就应该得到研究。当然,除比例外,还有合理化、高级化、失衡水平等其他评价角度和方法。在三大产业的比例关系上,刘等(Liu et al.,2007)、虞义华等(2011)、张等(Zhang et al.,2011)、刘再起和陈春(2012)、李健和周慧(2012)均发现第二产业的规模比例对碳排放呈现正向影响,且为碳排放影响的主要因素。具体来看,李健和周慧(2012)运用灰色关联分析法,对我国的碳排放强度和三大产业之间的关联性进行了研究,发现第二产业是影响碳排放量的主要因素,全国各地区中有 16 个地区第二产业与碳排放强度关联性最大。张等(2011)

利用 1995～2009 年我国的时间序列数据，实证研究发现产业结构的类型对二氧化碳的排放强度具有直接的决定作用，而第二产业、第三产业与二氧化碳排放强度分别呈现正相关和负相关的关系。这一研究结论主要是由于第二产业内部存在着较多的高耗能产业、高污染产业。除国家层面外，省际层面产业结构变动的碳排放效应也得到讨论。吴振信等（2012）利用 1997～2009 年我国东、中、西三大区域的面板数据，实证研究发现第一产业与第二产业比值在不同区域都对碳排放产生反向影响，但是东部地区作用程度要大于中、西部地区。李绍萍等（2014）采用 1995～2012 年东北地区碳排放强度和产业结构的时间序列数据，通过协整分析方法，研究发现东北地区的碳排放与产业结构之间存在长期的均衡关系，而且碳排放增加的主要原因是第二产业的发展。具体到某一行业与碳排放之间的关系，于左和孔宪丽（2013）通过运用 1980～2010 年八个典型发达国家和四个典型发展中国家的数据研究发现，制造业与碳排放存在正相关关系。可以看出，第二产业尤其是制造业的产业结构变动与碳排放之间存在非常重要的关联性。

合理化水平是产业结构的另外一个重要含义。如果产业结构的合理化能够与低碳化发展相融合，那么以碳减排为目的的产业结构调整将不仅有益于环境，而且有益于经济发展。姚昱和蔡绍洪（2012）认为低碳经济的发展需要通过产业结构的合理化来实现。吕明元和尤萌萌（2013）利用产业结构的合理化指标对韩国产业结构对碳强度的影响进行研究，发现在经济的不同发展阶段，产业结构的合理化对碳强度的影响是不同的。产业结构还存在着细分行业产业发展合理性这一视角。比如，作为碳排放比重较大的制造业，其细分行业总数近 30 个。如果要进行碳减排工作，应该具体到每个行业的具体发展建议。这就需要对每个行业的产业发展合理性状况进行衡量，而后与碳排放的关联性进行计量分析，得到低碳化的细分产业发展建议，从而令碳减排更具可操作性。

除产业结构外，其他的一些影响因素的研究并不集中，比较分散。比如林伯强和刘希颖（2010）研究发现水泥消费量和城市化水平都对碳排放产生了显著影响，且都为正向影响。即水泥的消费量越高，城市化水平越高，碳排放水平越高。另外，一些人均指标也得到较多研究。陶长琪和宋兴达（2010）基于 ARDL 模型，利用我国 1971～2008 年的样本数据，人均能源消费量和人均国民收入对碳排放均具有解释力，其中人均能源消费量解释力度较大，为正向影响。另外，还有学者考察了贸易对碳排放的影响。比如，袁鹏等（2012）采用结构分解法和 LMDI 相结合的新分解方法，将我国碳排放的增长分解为 6 大效应，其中包括出口效应、进口效应及两者的综合效应。研究结果表明，出口起到较大的增排效应，而进口具有显著的减排效应，两者相抵之后的综合效应为增排效应，虽然较小，但呈现逐渐强化的趋势。

　　无论是经验研究，还是理论研究，对经济增长和技术进步的碳排放效应研究较为充分，而对产业结构变动的碳排放效应研究相对不足。主要原因在于，西方传统的理论研究没有将产业结构作为一个驱动力纳入内生增长模型中，而在经验研究中更是缺乏多维视角。碳排放的产业结构变动效应可以为低碳化的产业结构导向提供重要参考，产业结构视角的缺失将容易导致低碳化发展路径出现偏误，其中最典型的就是关于碳管制政策争论。目前学术界针对碳管制的时间节点选择分歧很大，以诺德豪斯（Nordhaus，1996）为代表的学者认为只有渐进有限的管制干预才是必要的，最优碳管制政策应该是以一个适中的水平实现长期经济增长。以斯特恩（Stern，2006）为代表的学者则较为悲观，认为需要更加广泛而强制的管制干预，并且认为这些干预应长期存在，避免出现环境灾难的代价便是减缓长期增长。绿色和平组织（Greenpeace，2008）则最为悲观，认为所有增长应立即停止，以保护地球生态环境。碳管制政策的正确选择应该建立在对碳排放主要驱动力效应的综合考虑和评估上。中国是一个发展中国家，结构性问题较为突出，只有将结构变动引入碳排放驱动因素分析，才能提高研究结论的解释力和说服力以及碳管制政策的针对性和现实性。

1.3　研究方法

　　本书研究属于交叉学科的范畴，以经济学的视角去研究碳排放问题，属于环境学与经济学的交叉领域。本书以经济学做强大的支撑，运用经济学的相关分析方法和原理，对碳排放这一环境学问题进行深入的分析和探讨，从经济增长、产业结构变动两大视角来将碳排放内置于经济发展过程中，寻找环境生态平衡与经济持续增长的实现条件。具体来看，本书的研究包括以下方法。

（1）回归分析方法。本书研究包括理论研究和实证研究，其中实证研究是对理论研究的检验。多元回归分析方法则是实证研究中主要使用的方法。多元回归分析是对因变量和自变量之间的关系通过样本数据检验而得到某种关系的重要计量分析方法。本书根据研究对象的不同，设定线性和非线性关系方程，利用面板数据、时间序列数据等多种数据形式，借助门限回归、分段回归等多种回归理论方法，采用单位根检验、协整检验、误差修正分析等多种长期关系检验方法，最大限度地提高多元回归分析方法的回归结果的准确性、多维性。

（2）边际分析方法。边际分析是指增量分析，是经济学很重要而且很常用的概念。在前期的分析中，本书多次利用边际分析来讨论企业行为。在后期的实证分析，又利用边际分析来进行实证解释，以令实证结果更加直观，令政策建议更加具有针对性。

（3）情景分析法。本书涉及对碳排放的预测工作，如果仅靠单一的组合预测，很难得出较有说服力的结果。本书通过基准情景、积极情景、消极情景三种情景的划分，将经济增长等变量的不同的情景考虑进来，实现预测变量与碳排放之间的匹配关系，最大程度丰富预测结果，为政策建议提供更加翔实的参考。

第 2 章 碳排放效应的三驱动理论分析框架

2.1 引　　言

2006 年，英国经济学家尼古拉斯·斯特恩主持完成《斯特恩报告》，较为权威地展示了由温室气体引发的全球变暖将造成的严重后果。IPCC 也在第四次评估报告——《2007 年气候变化报告》中，做出一个合理估计：至 22 世纪，全球温度将上升 1.8℃~4℃。虽然看似幅度不大，但是这个幅度要快于过去 1 万年间所发生的变化。全球变暖将带来一系列严重的问题，包括海平面上升、极端天气频发等。这不仅会影响到人类正常的生产生活，甚至威胁到整个人类的生存。因此，温室气体的减排尤其是碳减排势在必行。

然而，人类仍然需要经济发展，而这对于发展国家来说尤为重要。2015 年由联合国粮农组织（Food and Agriculture Organization of the United Nations，FAO）发布的报告显示，全球饥饿人口数量为 7.95 亿。这意味着，全世界每 9 个人中就有 1 个人面临生存危机。而中国等国家的发展经验显示，经济增长是解决饥饿问题的不二法则。所以，为追求碳减排而大幅放缓经济增长速度将造成贫困问题的持续存在。而如果为发展生产，产生大量碳排放，则将对后代子孙的生存环境带来一定损害，影响其福利水平。因此，一个由碳排放引起的跨期碳排放分配问题就产生了。

经济系统与碳排放引起的环境系统之间的长期均衡关系逐渐成为研究碳排放规律的理论基础。其中最为系统的研究来自耶鲁大学的诺德豪斯教授。诺德豪斯较早关注到经济增长对碳排放的影响，预计伴随着经济增长，至 2030 年，二氧化碳排放浓度将比 1970 年增长 43%。其所创立的 DICE 模型系统地解决了碳排放引起的环境系统与经济系统之间的均衡问题。DICE 模型的实质是用经济学增长理论来分析气候变化。具体来看，其将生态系统视为一个特殊的资本存量，即是一种"自然资本"。碳减排令生态系统更加和谐，因此碳减排是一种对"自然资本"的投资。由于碳减排减少了当前消费，某种程度上降低了由于气候变化在未来带来的经济损失，增加了未来消费，所以碳减排造成的跨期经济福利的变动成为政策设计的重要基础。诺德豪斯在此后的时间里，对 DICE 模型进行了 5 次改进，最新一次是在 2013 年，即 DICE - 2013 模型。由于 DICE 模型是将全球的碳排放与经济系统放置在一起进行讨论，所以，这对其对国家或区域的应用产生了限制。在开发出 DICE 模型后，诺德豪斯和杨（Nordhaus & Yang）开发出区域综合气候—经济模型（Regional Integrated Climate - Economy Model，RICE）。通过将不同国家进行分组，分析了不同的气候变化政策下的不同国家政策，包括市场化解决方案、有效合作结果、非合作均衡。研究发现，相比非合作策略，合作策略将会有更高的碳减排水平。在合作过程中，发达国家获益要少于发展中国家。与 DICE 相同，RICE 也在 2000 年和 2010 年得到后续改进。

然而，DICE 和 RICE 的初始模型并没有考虑到内生技术进步的影响。因此，在内生增长框架下考虑跨期选择便显得更加重要。诺德豪斯，迪玛利亚和瓦伦特（Nordhaus，Di Maria & Valente）等考虑了内生技术进步对跨期消费选择的影响。阿西莫格鲁等（Acemoglu et al.，2009）更是将增长模型扩展为清洁与污染两个部门，发现污染部门的技术创新具有"路径依赖"。申萌等（2012）进一步考察了技术进步对当期碳排放的直接效应，发现技术进步的二氧化碳排放弹性为负，但是并不足以抵消正向间接效应，最终导致二氧化碳排放增加。因此，从两驱动过渡到三驱动，形成经济增长、技术进步、产业结构优化导向下的碳排放控制机制，对于经济发展与环境保护而言成为一条必由之路。

2.2　碳排放引起的"适宜环境"的消费跨期选择

2.2.1　最大化现值的两期选择

碳排放引起环境质量下降，进而影响现在及未来居民的福利变动。碳排放分配的变动，实际上一个直接作用结果是碳排放所导致的"适宜环境"质量变动。这就涉及跨期消费的最优选择。我们假定将固定的可耗竭资源的供给配置固定到两个时期：第一期、第二期，该可耗竭资源可以视为与碳排放关联的全球"适宜环境"，比如每年良好天气的数量等。同时假定，需求函数保持不变，表达式为：$p = a + bq$，边际成本不变：$MC = p_0$。那么，两个时期的产品配置将是固定数量，假定均为 q_0，如图 2 - 1 所示。如果总供给在 $2q_0$ 以上，那么分配不存在争议，在没有贴现率的情况下，每一期为 q_0。在该分配下，配置均可满足需求，且每一期的消费不会对另一期的消费产生影响，在静态效率标准的情况下，即可解决该问题。然而，如果总供给小于 $2q_0$，静态效率标准便无法解决问题，需采用动态效率标准。

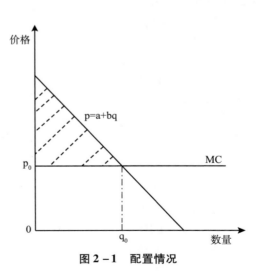

图 2 - 1　配置情况

假定总供给水平为 $4q_0/3$，显然无法满足两期的消费需求。那么最优的分配比例将由最大化净效益现值这一目标函数来决定，我们假定在最优分配下，第一期产品供给数量为 q_a，第二期为 q_b，最优化方程为：

$$\max \quad \int_0^{q_a}(a+bq-p_0)dq + \left[\int_0^{q_b}(a+bq-p_0)dq\right]/(1+r)$$
$$(2-1)$$

$$\text{s. t.} \quad p = a + bq, \quad q_a + q_b = 4q_0/3 \qquad (2-2)$$

其中，r 为贴现率。通过求解，可以求得最优解：

$$q_a = \frac{q_0(4-3r)}{3(2+r)}; \quad q_b = \frac{q_0(4+7r)}{3(2+r)} \qquad (2-3)$$

进一步计算，可以发现两期最优分配供给量存在如下关系：

$$\frac{q_a}{q_b} = \frac{4-3r}{4+7r}, \quad q_a < q_b \qquad (2-4)$$

2.2.2 有效配置与公平

有效配置的实现是建立在跨期加总最大化净收益目标基础之上的，然而这并没有考虑到代际间的公平分配问题。从有效配置结果来看，在贴现率为正值的情况下，第一期的分配数量将小于第二期。这说明，减少当期消费，更能使跨期净收益加总水平更高。而如果贴现率为负，那么当期将消费更多。显然，贴现值成为跨期分配的关键。

公平原则一个很重要的内涵是可持续准则，即当代人的发展不应以后代人的发展为代价。我们把"适宜环境"看作一种产品。世界上的每个人都需要"适宜环境"（适宜温度、适宜气候等）。而碳排放恰恰是造成全球变暖的最主要因素。在该视角下，当代人因为生产满足了当代人的消费需求，但是却带来了碳排放增加这一结果，进而造成全球变暖。那么，后代人所拥有的环境将劣于现今的环境，即环境的适宜度变低。

然而，在技术水平不够发达的情况下，为了生存及发展需要，当代的一些碳排放将无可避免。在这种情况下，公平原则的实现应该赖以后期环境的有效维护。阿拉斯加的代际共享机制较具有启发意义。该机制以专用基金的形式，为后代人的环境治理等维护行为进行提前储蓄，进而保证后代人拥有"适宜环境"。然而这种机制违背了哈特维克准则

（Hartwick Rule），即本金的降低会影响到可持续准则。所以，适宜的碳管制是确保可持续准则得到保证的必用准则。

2.2.3 人造资本与自然资本的可替代性

诺德豪斯采用新古典方法对全球变暖对人类总福利造成影响的分析中，假定自然资本与其他一切形式资本存在完全的可替代性。在该假定下，企业的生产函数由传统的柯布—道格拉斯（C - D）生产函数演变为添加了环境损害函数的生产函数：

$$Y_{i(t)} = \Omega_{i(t)} A_{i(t)} K_{i(t)}^{\gamma} L_{i(t)}^{1-\gamma} \qquad (2-5)$$

式（2 - 5）中，$Y_{i(t)}$ 代表总产出，$A_{i(t)}$ 代表技术水平，$K_{i(t)}$ 代表资本存量，$L_{i(t)}$ 代表人口，与劳动投入成正比，$\Omega_{i(t)}$ 代表排放控制的输出比例因子和来自气候变化的损害，t 代表时间，i 代表国家（地区），γ 代表产出对资本的弹性。

显然，环境损害函数的添加令产出在仅有的技术、资本、劳动的基础上又添加了一个重要变量。对环境的损害也成为一个投入要素，与资本、劳动构成替代性，即所谓的自然资本。资本、技术、劳动由于由人类提供，被称为人造资本。后来的部分学者也在研究中采用了该假设，然而研究结论却不尽如人意。斯特恩（Stern）便发现，碳排放导致的全球变暖会令自然资本遭到贬值，甚至耗尽，而且这是无法通过代际补偿机制来进行弥补的。而恰恰是该结论，令自然资本与其他资本形式之间可以完全替代的假设遭到质疑。

该质疑逐渐上升到两个范式的较大争论：弱可持续性和强可持续性。所谓弱可持续性，是指目前自然资本的减少，可以通过目前产生的其他资本增量来进行弥补，同样实现可持续发展。所谓强可持续性，则是要保证自然资本的资本存量维持在既定水平。这两个范式的出现实则是对自然资本与其他资本替代性强度的一个争议结果。

人造资本与自然资本的替代恰恰可以通过贴现率与碳排放的替代来进行间接反映。贴现率反映的是资本的投资回报率，碳排放的多少反映的是"适宜环境"这一自然资本的大小。因此，贴现率与碳排放的关系研究可以更好地诠释可持续发展准则的内涵。

17

2.3　三驱动内生增长模型

2.3.1　偏好及生产函数

考虑一个包括工人、企业主和研发人员的经济体，时间期为离散形式。经济体共包含两个部门：清洁部门（c）和污染部门（p）。假定所有二氧化碳均在生产环节产生，那么二氧化碳排放由中间投入品带来，据此可以将投入品划分为清洁投入品和污染投入品。清洁投入品单位消耗二氧化碳排放水平较低，而污染投入品则较高。所有家庭均存在一个共同偏好：

$$\sum_{t=0}^{\infty} \frac{1}{(1+r)^t} u(C_t, M_t) \qquad (2-6)$$

式（2-6）中，r 代表贴现率，u 代表效用函数，C 代表消费量，M 代表与二氧化碳排放相关联的环境质量，包括地表温度、极端灾害发生率等系列参数[1]。假定，M_t 存在初始水平值 M_0，即为没有碳排放时的环境质量水平。令 $M_t \in [0, \overline{M}]$，显然可以得到 $M_0 = \overline{M}$。效用函数主要满足以下几个特点：

$$\lim_{C \to 0} \frac{\partial u(C, M)}{\partial C} = \infty , \ \lim_{M \to 0} \frac{\partial u(C, M)}{\partial M} = \infty , \ \lim_{M \to 0} u(C, M) = -\infty$$

$$(2-7)$$

式（2-7）第一个式子表明当消费趋于 0 时，消费的边际增加将带来效用的极大增加；后两个式子表明，当环境质量极端恶化时，效用水平趋于无限低，且环境质量的边际增加将带来效用极大的边际增加。值得注意的是，当环境质量极端恶化时，无论消费水平有多高，效用水平均无限低。可以通过一个例子来理解该假设。试想，如果海平面上升令许多人失去家园，极端天气频发让人们没有条件去正常生产生活，消费

---

① 二氧化碳引起的全球变暖是造成环境质量下降的重要原因和主要原因。除此之外，仍然有很多其他因素，包括汽车尾气排放、滥伐森林等。值得注意的是，二氧化碳是全球性问题，所以它所造成的环境质量也必将成为影响所有地球家庭福利状况的重要因素。

水平再高也无法让人们有舒适感。

同时，假定当环境质量无限接近初始水平，即最优水平时，环境质量的边际增加对效用带来的边际增加将趋于 0，即：

$$\lim_{M \to \overline{M}} \frac{\partial u(C, M)}{\partial M} \equiv \frac{\partial u(C, M)}{\partial M} = 0 \qquad (2-8)$$

M_t 与 E_t 之间的关系可用如下函数式来表示：

$$M_t = f(E_t) \qquad (2-9)$$

式（2-9）中，满足 $\frac{\partial f}{\partial E_t} < 0$，即碳排放水平越高，环境质量越低。其中，$E_t$ 为二氧化碳排放量。

最终产品的生产存在两种投入品：清洁投入品和污染投入品，投入数量分别为 Y_c 和 Y_p，最终产品的生产函数遵循柯布—道格拉斯（C-D）生产函数形式，可以表示为：

$$Y_t = (Y_{ct}^{\frac{\varepsilon-1}{\varepsilon}} + Y_{pt}^{\frac{\varepsilon-1}{\varepsilon}})^{\frac{\varepsilon}{\varepsilon-1}} \qquad (2-10)$$

其中，$\varepsilon \in (0, +\infty)$ 为两种投入品的替代弹性。我们在全文研究中忽略 $\varepsilon = 1$ 的情况，只考虑 $\varepsilon > 1$（两者为替代品）和 $\varepsilon < 1$（两者为互补品）两种情况。$\varepsilon = 1$ 表明两种投入品既非替代品，又非互补品，而这种情况在现实中几乎不存在。因为，投入品作为产品的生产要素，要么是共同组合促成产品的生产，要么存在替代关系，在产品生产时互相作为备选。同时，替代品与互补品的明晰划分可以为碳排放的减排路径提供明确指向。因此，仅讨论替代品和互补品两种情形是合理且必要的。技术进步的内生机制通过部门生产设备的水平来表示，而部门生产设备的水平则由研发人员的研发来决定。Y_{ct} 和 Y_{pt} 由劳动、部门的生产设备来决定：

$$Y_{ct} = L_{ct}^{1-\alpha} \int_0^1 A_{cit}^{1-\alpha} x_{cit}^{\alpha} di, \quad Y_{pt} = L_{pt}^{1-\alpha} \int_0^1 A_{pit}^{1-\alpha} x_{pit}^{\alpha} di \qquad (2-11)$$

$\alpha \in (0, 1)$，A_{jit} 代表时间 t、部门 $j(j \in (c, p))$ 中间品的 i 中间品类型的质量，或者可以称为技术水平。这种设置类似于阿西莫格鲁（Acemoglu，1998）的做法，除了两个部门的雇佣是内生决定和参数分配在式（2-11）中被舍弃以方便推导。x_{cit} 和 x_{pit} 分别代表清洁投入品和污染投入品部门 j、中间投入品 i 的生产设备的数量。将式（2-11）代入式（2-10）可得：

$$Y_t = ((L_{ct}^{1-\alpha} \int_0^1 A_{cit}^{1-\alpha} x_{cit}^{\alpha} di)^{\frac{\varepsilon-1}{\varepsilon}} + (L_{pt}^{1-\alpha} \int_0^1 A_{pit}^{1-\alpha} x_{pit}^{\alpha} di)^{\frac{\varepsilon-1}{\varepsilon}})^{\frac{\varepsilon}{\varepsilon-1}} \qquad (2-12)$$

2.3.2 技术进步内生下的企业生产行为

在清洁部门和污染部门之间，资源如何流动，将决定碳排放的规模大小。如果资源持续流向清洁部门，碳排放将下降；相反，如果资源向污染部门流去，碳排放将上升。

资源流动的决定则由不同部门的利润相对大小来决定。利润最大化的目标函数为：

$$\max_{x_{ji}, L_j} \left\{ p_j L_j^{1-\alpha} \int_0^1 A_{ji}^{1-\alpha} x_{ji}^\alpha di - w L_j - \int_0^1 p_{ji} x_{ji} di \right\} \qquad (2-13)$$

通过对 x_{ji} 求导，可以得到一阶条件，并求得相应的需求曲线，且为等弹性需求曲线：

$$x_{ij} = \left(\frac{\alpha p_j}{p_{ji}} \right)^{-\frac{1}{1-\alpha}} A_{ji} L_{ji} \qquad (2-14)$$

假定单位成本为 ψ，那么利润函数表达式为 $(p_{ji} - \psi) x_{ji}$，在等弹性需求曲线下，最大化利润下的定价为加成定价，即 $p_{ji} = \dfrac{\psi}{\alpha}$。将 ψ 标准化为 α^2，均衡需求为：

$$x_{ij} = (p_j)^{-\frac{1}{1-\alpha}} A_{ji} L_{ji} \qquad (2-15)$$

均衡利润为：

$$\pi_{ji} = (1 - \alpha) \alpha p_j A_{ji} L_{ji} \qquad (2-16)$$

对 L 一阶求导后可得：

$$(1 - \alpha) p_j L_j^{-\alpha} \int_0^1 A_{ji}^{1-\alpha} x_{ji}^\alpha di = \omega \qquad (2-17)$$

公式的含义为：下一时间节点的技术水平为上一时间节点技术水平的变动倍数。其中，s_{jt} 为在时间节点 t 随机分配到部门 j 行业的研发人员数量（规模），η_j 为研发成功的概率，$1 + \gamma$ 为一旦研发成功技术水平的提高倍数。所以，如果考虑进研发的成功概率，那么可以将利润函数写为：

$$(1 - \alpha) p_j L_j^{-\alpha} \int_0^1 A_{ji}^{1-\alpha} x_{ji}^\alpha di = \omega \qquad (2-18)$$

根据阿西莫格鲁等（Acemoglu et al., 2009）的做法，技术进步的内生性通过下面的公式来表示：

$$A_{jt} = (1 + \gamma\eta_j s_{jt}) A_{jt-1} \qquad (2-19)$$

在存在内生技术进步的情况下，期望利润公式表述为：

$$\prod{}_{jt} = \eta_j \int_0^1 (1-\alpha)\alpha p_{jt}^{\frac{1}{1-\alpha}} L_{jt}(1+\gamma) A_{jit-1} di$$

$$= \eta_j(1+\gamma)(1-\alpha)\alpha p_{jt}^{\frac{1}{1-\alpha}} L_{jt} A_{jt-1} \qquad (2-20)$$

因此，结合式（2-19）和式（2-20），在部门 c 进行科研相比于 p 的相对利润由下面的比率来决定：

$$\frac{\prod_{ct}}{\prod_{pt}} = \frac{\eta_c}{\eta_p} \times \underbrace{\left(\frac{Y_{ct}}{Y_{pt}}\right)^{\frac{1}{\varepsilon(\alpha-1)}}}_{\text{结构效应}} \times \underbrace{\frac{L_{ct}}{L_{pt}}}_{\text{市场规模效应}} \times \underbrace{\frac{A_{ct-1}}{A_{pt-1}}}_{\text{技术效应}} \qquad (2-21)$$

式（2-21）表示的比率越高，在清洁部门进行研发将更加有利可图，将意味着总体碳排放越低。该等式显示，创新行为究竟在清洁部门产生，抑或是在污染部门产生，将受到三种力量影响：一是技术效应。技术效应将推动创新朝向生产力更高的部门发展，推动力量来源于式（2-19）中所展现出的学习效应。二是产业结构变动效应。结构效应内含了清洁部门与污染部门的构成比例，它与替代弹性（ε）有关，替代弹性越大，结构效应越大。三是市场规模效应。推动创新朝向更多就业人数的部门，拥有更多就业人数的部门将对设备有更高的市场需求。这两者反过来又将由两种投入品的相对生产力以及替代性所决定。两种投入品更具替代性，相比价格效应的市场规模效应将更重要。后文将具体分析该问题。

2.3.3 碳排放的效应分解

在诺德豪斯和杨（1996）的基础上，我们不考虑政策效果的影响，仅考虑中间投入品的影响，二氧化碳排放量表达式为：

$$E_{ijt} = \beta_{ijt} A_{ijt}^{-\lambda} Y_{ijt} \qquad (2-22)$$

如式（2-22）所示，二氧化碳排放量的影响由能源排放系数、能源强度、最终产品数量总体构成。其中，E_{ijt} 为二氧化碳排放量，β_{ijt} 为能源排放系数，主要受能源结构的影响；A_{ijt} 为技术水平，λ 为技术进步弹性，$A_{ijt}^{-\lambda}$ 总体构成能源强度，即单位国内生产总值（GDP）的能源消耗，采用 $-\lambda$ 的原因是能源强度与技术水平成反方向变动关系，技术水平越大，能源强度越小。Y_{ijt} 为最终产品量。碳排放的主要效应分析如下：

（1）经济增长效应（Y_{ijt}）。经济增长利用最终产品数量来表示，即最终产品数量越多，说明社会财富创造越多，经济增长越快。显然，最终产品数量越多，二氧化碳排放越大。

（2）技术进步效应（$A_{jt}^{-\lambda}$）。技术进步令能源强度更低，碳排放水平更低。技术进步包括技术存量与技术进步大小两部分，将在下面展开说明。显然，技术进步越大，碳排放水平越小。

（3）产业结构变动效应（β_{ijt}）。能源结构从大类划分即可划分为污染投入品和清洁投入品。如煤炭属于污染投入品，而风能、太阳能则属于清洁投入品。污染投入品和清洁投入品则代表了污染部门和清洁部门，也就代表了产业结构。故，从能源结构到产业结构，是一个低碳发展的重要逻辑。

进一步地，根据技术进步路径，可以得到：

$$E_{ijt} = \beta_{ijt}(1 + \gamma\eta_j s_{jt})^{-\lambda}A_{jt-1}^{-\lambda}Y_{ijt} \qquad (2-23)$$

可以看到，二氧化碳排放被分解为结构效应、技术进步效应、技术存量效应、经济增长效应。

可以看到，二氧化碳排放被分解为产业结构变动效应（β_{ijt}）、技术进步效应（$(1 + \gamma\eta_j s_{jt})^{-\lambda}$）、技术存量效应（$A_{jt-1}^{-\lambda}$）、经济增长效应（$Y_{ijt}$）。

根据清洁部门和生产部门的生产函数，可以得到清洁部门和污染部门各自的碳排放总量。根据生产函数，将式（2-23）进一步拓展，可以得到：

$$E_{ict} = \beta_{ict}(1 + \gamma\eta_c s_{ct})^{-\lambda}A_{ct-1}^{-\lambda}L_{ct}^{1-\alpha}\int_0^1 A_{ict}^{1-\alpha}x_{ict}^{\alpha}di \qquad (2-24)$$

$$E_{ipt} = \beta_{ipt}(1 + \gamma\eta_p s_{pt})^{-\lambda}A_{pt-1}^{-\lambda}L_{pt}^{1-\alpha}\int_0^1 A_{ipt}^{1-\alpha}x_{ipt}^{\alpha}di \qquad (2-25)$$

具体分析来看，产业结构变动效应是从投入品的结构角度进行分析。一个直观的结果是碳排放系数越高的投入品投入数量越多，碳排放水平越高。

根据式（2-21），结构效应与替代弹性存在密切的关联，且替代弹性越大，结构效应越大。而就碳排放的分解效应而言，替代弹性越大，会令碳排放趋于下降。在替代弹性越大的情形下，如果存在碳管制措施，生产者会更加偏向清洁投入品。这是由于替代弹性更大将会导致因为替代而引发的成本较低。我们假定该替代成本为 c_g，而不采取替代继续使用污染投入品的碳税等环境规制引发的成本为 c_e，可以得到生产者采用清洁投入品的条件为：

$$c_g \leqslant c_e \tag{2-26}$$

在此条件下，使用能源的平均碳排放系数将下降，在技术水平与最终产出保持不变的情况下，碳排放水平将趋于下降。

经济增长、技术进步与产业结构变动三者存在怎样的互动效应？通常认为，技术进步对二氧化碳排放存在直接效应和间接效应，且直接效应和间接效应的正负与区域技术进步弹性和中间品价格存在密切关系（申萌等，2012）。技术进步带来的二氧化碳排放降低是否可以冲抵经济增长带来的二氧化碳排放上升，也需要根据技术进步弹性与中间品价格的某一组合数值来进行具体分析。即，在一定条件下，技术进步带来的二氧化碳排放降低可以冲抵经济增长带来的二氧化碳排放上升。在本书的三驱动框架下，清洁投入品和污染投入品的构成比例所引发的产业结构变动对碳排放存在直接效应。技术进步导致的企业"干中学"行为成为产业结构变动的驱动力量，对碳排放存在直接效应和间接效应。其中，直接效应为技术进步提高了投入品的替代可能，比如让更多的新能源来实现原有产品的生产，直接降低碳排放；间接效应为技术进步通过碳排放因子降低等多个中间渠道降低碳排放。经济增长能够直接影响碳排放，同时经济增长带来的社会生产率提高又可以间接降低碳排放，存在直接和间接效应。如图 2-2 所示。

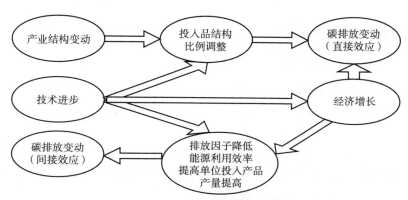

图 2-2　碳排放三种驱动力量之间的互动效应

2.4 最优碳管制政策

社会规划者的分配将根据两个外部性进行修正：一是由污染投入生产上所带来的环境外部性。二是由研发带来的知识外部性。另外，计划者可以而且将通过设备价格的标准静态垄断扭曲来进行修正，以鼓励对现有设备更强的使用（Aghion & Howiit，1998；Acemoglu，2009）。通过这一部分，我们假定社会计划者使用一次性税收和转移支付来弥补其他政策工具。在这一部分分析的一个关键结论是最优政策一定要包含碳税和补贴来进行清洁研究，前者来控制碳排放，后者来影响未来研究路径。仅仅依赖碳税将是过度扭曲的。

社会规划者的问题是选择最终产品生产（Y_t）、消费品（C_t）、投入品生产（Y_{jt}），期望设备生产（x_{jit}），劳动份额分配（L_{jt}），科学家分配（s_{jt}），环境质量（S_t），设备质量（A_{jit}）的一个动态路径来最大化代表性消费者的跨期效用：

$$C_t = Y_t - \psi\left(\int_0^1 x_{cit}di + \int_0^1 x_{dit}di\right) \qquad (2-27)$$

令 λ_t 代表拉格朗日乘数，也是一单位的最终产品生产的影子价值。对 Y_t 的一阶条件意味着该影子价值也等于拉格朗日乘数，以便它等于一单位消费的影子价值。对 C_t 的一阶条件得到：

$$\lambda_t = \frac{1}{(1+\rho)^t}\frac{\partial u(C_t, S_t)}{\partial C} \qquad (2-28)$$

这意味着，最终产品的影子价值等于消费的边际效用。

$\frac{\lambda_{jt}}{\lambda_t}$ 可以被解读为投入 j 在时间 t 的影子价格（相对于最终产品的价格）。为了强调这种解读，我们用 $\hat{p}_{jt}$ 来代表这个比率。现在，我们将对 x_{ji} 求一阶条件，得到：

$$Y_{jt} = \left(\frac{\alpha}{\psi}\hat{p}_{jt}\right)^{\frac{\alpha}{1-\alpha}} A_{jt}L_{jt} \qquad (2-29)$$

因此，在给定的价格、平均技术和劳动分配下，相比自由放任的均衡，每个投入的生产以 $\alpha^{\frac{\alpha}{1-\alpha}}$ 的比率增加。

下面，令 ω_t 代表拉格朗日乘数，对 S_t 的一阶导数为：

$$\omega_t = \frac{1}{(1+\rho)^t}\frac{\partial u(C_t,\ S_t)}{\partial S} + (1+\delta)I_{S_t} < \overline{S}^{\omega_t+1} \qquad (2-30)$$

此处，如果 $S_t < \overline{S}$，$I_{S_t < \overline{S}} = 1$。这表明，环境质量在时间 t 的影子价值等于边际效用。

对 Y_{ct} 和 Y_{pt} 的一阶条件给出：

$$Y_{ct}^{-\frac{1}{\varepsilon}}\left(Y_{ct}^{\frac{\varepsilon-1}{\varepsilon}} + Y_{pt}^{\frac{\varepsilon-1}{\varepsilon}}\right)^{\frac{1}{\varepsilon-1}} = \hat{p}_{ct} \qquad (2-31)$$

$$Y_{pt}^{-\frac{1}{\varepsilon}}\left(Y_{ct}^{\frac{\varepsilon-1}{\varepsilon}} + Y_{pt}^{\frac{\varepsilon-1}{\varepsilon}}\right)^{\frac{1}{\varepsilon-1}} - \frac{\omega_{t+1}\xi}{\lambda_t} = \hat{p}_{dt} \qquad (2-32)$$

这些等式意味着，相比自由放任的均衡，社会规划者引入一块：$\omega_{t+1}\xi/\lambda_t$，该部分介于污染投入品的边际成本与价格之间。该部分等于污染投入每一增加单位的环境成本。自然地，该部分等于碳税：

$$\tau_t = \frac{\omega_{t+1}\xi}{\lambda_t \hat{p}_{pt}} \qquad (2-33)$$

当环境质量的影子价值越大，消费的边际效用越低，污染投入品的价格越低，碳税将越高。最终，社会规划者应该根据知识的外部性而进行纠正。令 μ_t 代表 j = c，p 的拉格朗日乘数。自然地，变量因此根据时间 t 行业 j 的平均生产率的影子价值进行反应。相关的一阶条件为：

$$\mu_{jt} = \lambda_t\left(\frac{\alpha}{\psi}\right)^{\frac{\alpha}{1-\alpha}}(1-\alpha)\hat{p}_{jt}^{\frac{1}{1-\alpha}}L_{jt} + (1+\gamma\eta_j s_{jt+1})\mu_{j,t+1} \qquad (2-34)$$

2.5　小　　结

本章构建了碳排放三驱动的内生增长模型，形成了分析碳排放效应的理论框架。通过改进阿西莫格鲁等（2009）的环境约束的内生增长模型，构建了包含经济增长、技术进步、产业结构变动的内生增长模型。保留了原有的清洁品投入和污染品投入的两部门划分，将碳排放引入模型中。通过企业的最优行为决策分析发现，产业结构变动效应成为资源在企业间流动的重要驱动力。通过设定技术内生的路径，将原有的碳排放公式中的技术进步效应进行更新，同时从整体上分解为经济增长、技术进步、产业结构变动三大效应。

进一步地，本章从理论上分析了三驱动的内生互动效应。在本书的三驱动框架下，两部门比例所引发的产业结构变动对碳排放存在直接效应。技术进步导致的企业"干中学"行为成为产业结构变动的驱动力量，对碳排放存在直接效应和间接效应。其中，直接效应为技术进步提高了投入品的替代可能，比如让更多的新能源来实现原有产品的生产，直接降低碳排放；间接效应为技术进步通过碳排放因子降低等多个中间渠道降低碳排放。经济增长能够直接影响碳排放，同时经济增长带来的社会生产率提高又可以间接降低碳排放，存在直接和间接效应。

第3章 碳排放测算与分析

　　碳排放测算是碳排放研究的基础，不同的测算方法、标准会产生不同的测算结果。目前的测算主要是基于化石能源消耗数量进行估算得来的。以 2006 年为例，全球能源消费碳排放占到总排放的 86% 以上。IPCC 于 2006 年编写了《2006 年 IPCC 国家温室气体清单指南》（以下简称"清单"），其中列出了 3 种能源消费碳排放的计算方法，包括分部门计算的一般方法、分部门计算的优良方法、基于能源表观消费量的参考方法。其中，参考方法目前应用最广泛。然而，目前的测算方法存在能源划分粗糙的缺陷，导致测算结果不够准确。本章通过进一步细分能源，从生产者视角和消费者视角两个角度分别对我国工业 1991～2013 年的总体、细分行业碳排放水平进行测算、分析，这一时间段是我国逐步确立市场经济地位后经济持续增长的时期，同时也是产业结构在国有企业改革、加入世界贸易组织（WTO）、人民币汇率制度改革等一系列国际国内制度处于深刻变化的背景下呈现显著变化的阶段，碳排放的测算与分析数据中涵盖了经济增长与产业结构变动的有效信息，将更加适合后面的研究分析。

3.1 引　　言

　　二氧化碳排放的测算方法主要有烟囱监测法和物料衡算法。烟囱监测法是指监测烟囱排气的二氧化碳浓度，以及烟气的流速与通量，同时测算同时期煤炭燃烧的低位发热量。该方法的测算公式为：

$$GHG = \frac{C_C \times f}{NCV} \tag{3-1}$$

其中，GHG 代表二氧化碳排放监测量，C_C 代表所监测的二氧化碳排放浓度，f 为烟气流量，NCV 为低位发热量。该做法对碳排放的测算准确度较高，但是由于该方法测算成本很高，全面实施的难度很大。

物料衡算法是操作性较强的方法。它是根据能源的消耗情况，结合能源的碳排放因子来估算出碳排放水平。该方法由 IPCC 提出，又可分为参考方法和部门方法。参考方法只以燃料为基础，部门方法以燃料和技术为基础。国内利用参考方法进行碳排放测算及相关研究的较多。比如，孙建卫等（2010）利用参考方法测算了我国 1995 ~ 2005 年的碳排放水平。涂正革（2012）利用参考方法对我国 1994 ~ 2008 年八大行业的碳排放进行测算，发现制造业碳排放水平在工业中占比最高，超过 2/3。朱聆（2012）利用参考方法对我国制造业 2000 ~ 2010 年的碳排放水平进行了测算，发现制造业的碳排放量年均增长 9.67%，占工业总碳排放的比重呈不断上升趋势。吴晓蔚等（2011）分别利用参考方法和部门方法对 2007 年火电行业的二氧化碳（CO_2）排放量进行了测算。谭丹和黄贤金（2008）对我国东、中、西部的碳排放进行了分别测算并予以比较，发现东部碳排放水平最高，中部其次，西部最少。值得注意的是，IPCC 的方法中需要用到各能源的排放因子，而在排放因子的使用上，如果盲目使用 IPCC 给出的数据，可能造成对单个国家不适用，造成较大误差。对此问题，蔡博峰（2011）进行了较详尽的整理说明。目前的碳排放测算数据来源主要有 CDIAC[①]，世界银行统计数据库，IPCC 等。

3.2 测算视角

目前的碳排放可以分为生产者视角和消费者视角。生产者视角碳排放是指碳排放的责任落实根据"谁生产，谁负责"来执行。即，如果一个国家、地区或行业，因为生产某种产品而使用了能源，产生了碳排放，那么该碳排放的责任就应当属于该生产国、生产区、生产行业。与之相反，消费者视角碳排放的执行原则是"谁消费，谁负责"。即不论

---

① 二氧化碳信息分析中心（Carbon Dioxide Information Analysis Center）。该中心位于美国橡树岭国家实验室，是美国能源署主要的气候变化数据和信息分析中心。

生产单元因为生产产品而产生了多少碳排放，只要是产品消费源不是本生产单位，那么该碳排放责任便不会算在本生产单位身上，而是算在产品消费者身上。以中美两国贸易为例，中国向美国出口了 2000 吨钢材，产生了 1000 吨 CO_2（假设）。根据生产者原则，该 1000 吨 CO_2 应该属于中国排放。但是，在消费者原则的测算框架下，则属于美国排放。在两种不同的测算原则下，生产者原则将导致中国比美国多排放 2000 吨 CO_2。由此可见，不同的测算视角会产生较大差异的碳排放测算结果，也会给不同国家带来不同的碳减排责任。

目前的国际社会仍然是以生产者原则为主要视角的核算体系，这导致了发达国家向发展中国家的碳转移。具体来讲，发达国家通过向发展中国家进行高污染企业投资设厂的方式，将国内的高污染企业转移到发展中国家，将巨大的碳排放责任转移到发展中国家身上，相关研究也将该现象称为"污染者天堂"。樊纲等（2010）通过消费者视角核算了世界各国 1950～2050 年累积消费排放量，并发现中国国内实际碳排放中有将近 14%～33% 是由他国的消费所引起的。相比之下，以英国、法国、意大利为代表的发达国家的情况则恰恰相反。这一研究凸显了现今国际碳排放核算框架的缺陷，表明了以消费者核算为主的新碳排放核算框架建立的必要性和迫切性，也因此产生了隐含流和隐含碳的概念。隐含碳是指隐含在产品中的碳排放，涵盖了产品的去向。隐含碳的测算可以确定行业的消费碳排放，也可以为进一步的碳减排指明方向。后文中将对该问题进行深入研究。在本书的研究中，同时对两种测算方法进行使用，以保证碳排放研究数据的全面性。

3.3 参 考 方 法

参考方法是基于这样的一种假设：一旦某种燃料被引入国内经济当中，那么这种燃料的去向只有两条路径。一条路径为以温室气体的形式释放到大气中，另外一条路径是被转移。选用该方法作为测算方法主要是基于以下三方面考虑。一是从可操作性上来看，数据较容易获取。二是从准确性来说，只要排放因子误差不大，碳排放的测算结果将是准确

的。三是暂时没有其他一种可操作性和准确性兼备的测算方法。根据"清单",二氧化碳排放的测算公式如下:

$$GHG = \sum_i ((C_i \cdot T_i \cdot CC_i) \cdot 10^{-3} - UC_i) \cdot COF_i \cdot 44/12 \quad (3-2)$$

GHG:二氧化碳排放量(Gg,即千吨);C_i:表示消费量,C_i = 产量 + 进口 - 出口 - 国际燃料舱 - 库存变化;T_i:转换因子(根据净发热值转换为能源单位(TJ)的转换因子)[①];CC_i:碳含量(10^3 kgC/TJ);UC_i:非燃碳,即排除在煤料燃烧排放以外的原料和非能源用途中的碳(GgC);$UC_i = A_i \cdot CC_i \cdot 10^{-3}$,$A_i$:燃料 i 的活动数据(TJ);$COF_i$:碳氧化因子 = 碳被氧化的比例,通常该值为 1,表示完全被氧化;44/12:CO_2 和 C 的分子量比率。其中,TJ 为万亿焦耳,1TJ = 34.16371 标准煤。

非燃碳是指排除在燃料燃烧排放以外的原料和非能源用途中的碳,由于没有公开的统计数据,所以非燃碳的获取非常困难,在以往的碳排放测算中也一般将其忽略。

去掉非燃碳之后,式(3-2)便可以改写为:

$$GHG = \sum_i C_i \cdot T_i \cdot ef_i \quad (3-3)$$

其中 ef_i 为能源 i 的二氧化碳排放系数,单位为千克二氧化碳/万亿焦耳($kgCO_2$/TJ)。

测算排放量所需的能源消费量均来自历年《中国能源统计年鉴》,转换能源单位所需的发热值先采用我国给出的值,无法获取的采用"清单"提供值。其他洗煤发热值按照洗中煤和煤泥的发热值均值处理。其他煤气发热值按照其他煤气热值均值处理。排放因子来源于"清单"。汽油的排放系数采用车用汽油和航空汽油的排放系数均值。缺省碳氧化因子统一采用 1。

在细分行业划分上,由于我国的行业划分标准经过几次变化,所以为方便前后比较,采取归类方法,将历年制造业细分行业中最大类别的

[①] 在能源统计和其他能源数据的编制中,固体、气体、液体燃料都具有自己特定的物理单位,比如吨,立方米等。要将这些数据转换为普通能源单位,需要引入发热值。发热值分两种,净发热值(NCV)和总发热值(GCV),二者更多介绍详见《2006 年 IPCC 国家温室气体清单指南》第 2 章 1.4.1.2 节。

一次作为比较的标准。经过归类，共分为 20 个子行业①。

3.4 我国工业整体与细分行业碳排放测算与分析

根据式（3-1），利用能源消耗数据，对我国工业碳排放进行测算。制造业的能源消耗类别在《中国工业统计年鉴》中分为两组。第一组为 1991～2009 年，共分为 16 种能源，包括原煤、洗精煤、其他洗煤、焦炭、焦炉煤气、其他煤气、其他焦化产品、原油、汽油、煤油、柴油、燃料油、液化石油气、炼厂干气、其他石油制品、天然气。第二组是 2010～2013 年，在第一组的基础上，更加细化了几种类别，增加了 9 种，分别是高炉煤气、转炉煤气、石脑油、润滑油、石蜡、溶剂油、石油沥青、石油焦、液化天然气，使总的化石能源类别增加到25 种。

经过测算发现，我国工业碳排放水平呈现前期平稳、后期陡增的趋势，其中制造业碳排放水平比重最高，如图 3-1 所示。大体上可以划分为三个阶段。第一阶段为 1991～2001 年，此阶段碳排放变化相对平稳，前增后减，总体上升。第二阶段为 2001～2007 年，此阶段处于逐年稳步攀升的态势，由 12 亿吨上升至 25 亿吨左右，涨幅超过 100%。第三阶段为 2007～2013 年，此阶段为先陡降后陡升的态势。至 2012 年，排放量已超过 60 亿吨，相比 2008 年的近 15 亿吨，增长 300%。从制造业占工业的排放比重来看，一直保持在 80% 以上，且自 2005～2012 年以来一直保持在 90% 以上，如图 3-2 所示。由此可见，制造业是工业碳排放的首要行业，也可谓是经济总体碳排放的首要行业。

---

① 该 20 个子行业分别为：B：食品、饮料和烟草制造业；C：纺织业；D：服装及其他纤维制品业；E：皮革、毛皮、羽绒及其制品业；F：木材加工及竹、藤、棕、草制品业；G：家具制造业；H：造纸及纸制品业；I：印刷业、记录媒介的复制；J：文教体育用品制造业；K：石油加工及炼焦业；L：化学原料及化学品制造业；M：医药制造业；N：化学纤维制造业；O：橡胶和塑料制品；P：非金属矿物制品业；Q：黑色金属冶炼及压延加工业；R：有色金属冶炼及压延加工业；S：金属制品业；T：机械、电子、电子设备制造业；U：其他制造业。字母为文中该行业的代号。

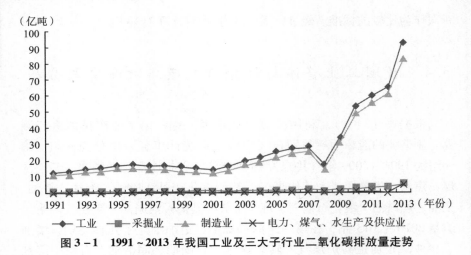

图 3-1　1991～2013 年我国工业及三大子行业二氧化碳排放量走势

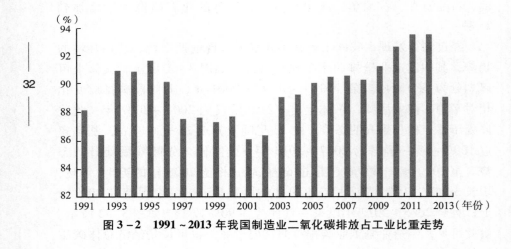

图 3-2　1991～2013 年我国制造业二氧化碳排放占工业比重走势

　　分析来看，碳排放的第一阶段我国仍然处于以内需为主的阶段，且各种改革刚刚起步，工业化程度并不太高，碳排放水平也相对平稳。第二阶段，受 2001 年加入 WTO 的影响，我国的经济向全球逐步放开，产业生产能力也相应拉大，碳排放的需求也相应增加，由此碳排放水平逐年上升。第三阶段，2008 年的陡降应主要源自全球金融危机所引发的全球经济危机，伴随而来的国外需求下降、国内生产下降，碳排放自然下降。而当我国 4 万亿元的刺激政策实施之后，国内需求回升，经济复苏，碳排放水平重拾增长的态势，并且保持高速增长。制造业占工业的高比重说明制造业的碳排放水平是工业高碳排放的根源。要遏制工业的高碳排放，必须首先控制制造业的高碳排放。

细分化石能源发热值和碳排放系数，如表3－1所示。

表3－1　　　　　　细分化石能源发热值和碳排放系数

项目	发热值原煤	碳排放系数
原煤	209.8	94600
洗精煤	263.44	94600
其他洗煤	1873.35	94600
焦炭	284.35	107000
焦炉煤气	3893.1	44400
高炉煤气	289	260000
转炉煤气	879	44400
其他煤气	1873.35	44400
其他焦化产品	376.35	107000
原油	418.16	73300
汽油	430.7	69650
煤油	430.7	71900
柴油	426.52	74100
燃料油	418.56	77100
石脑油	453.4	73300
润滑油	337	73300
石蜡	337	73300
溶剂油	337	73300
石油沥青	337	73300
石油焦	337	97500
液化石油气	4265.2	63100
炼厂干气	5017.9	57600
其他石油制品	337	73300
天然气	4599.8	56100
液化天然气	23662	56100

注：发热值为平均低位发热值，固体和液体的单位为 $TJ/10^7 kg$，气体单位为 $TJ/10^8 m^3$；碳排放系数单位为 kg/TJ。

资料来源：笔者根据"清单"提供的数据和《中国能源统计年鉴》整理而成。

从制造业的细分行业碳排放结构来看，考察期内平均排放比例最多的三个子行业为黑色金属冶炼及压延加工业、非金属矿物制品业、化学原料及化学品制品业，分别占总排放的29.3%、18.9%、17.6%，如表3-2所示。排放最少的三个子行业为家具制造业，印刷业、记录媒介复制业，皮革、毛皮、羽绒及其制品业，分别为0.06%、0.1%、0.2%。碳排放结构变动情况上，增幅最大的三个子行业为石油加工及炼焦、文教体育用品制造业、有色金属冶炼及压延加工业，分别增长124%、105%、50%；增幅最小的三个子行业为其他制造业，皮革、毛皮、羽绒及其制造业，化学纤维制造业，分别下浮89%、81%、77%。

表3-2　　　　　制造业分行业碳排放平均占比及结构变动情况　　　单位：%

项目	B	C	D	E	F	G	H	I	J	K
占比	3.7	2.3	0.2	0.2	0.4	0.06	1.9	0.1	0.3	13.8
变动	-68	-88	-16	-81	-67	-63	-58	-72	105	124
项目	L	M	N	O	P	Q	R	S	T	U
占比	17.6	0.8	1.3	0.9	18.9	29.3	2.0	0.8	4.6	1.0
变动	-1	-64	-77	-71	31	13	50	-49	-57	-89

在制造业的碳强度变动上，最低的是石油加工及炼焦业，印刷业、记录媒介的复制，纺织业，分别为0.0702万吨/亿元、0.0723万吨/亿元、0.0995万吨/亿元。最高的是有色金属冶炼及压延加工业，家具制造业，食品、饮料和烟草制造业，分别为17.14万吨/亿元、17.28万吨/亿元、18.22万吨/亿元。

在制造业的人均碳排放水平上，最低的为机械、电子、电子设备制造业，造纸及纸制品业，文教体育用品制造业，分别为0.000089万吨/人、0.000093万吨/人、0.00022万吨/人；最高的为医药制造业，食品、饮料和烟草制造业，有色金属冶炼及压延加工业，分别为0.028万吨/人、0.046万吨/人、0.0532万吨/人。

可以看出，有色金属冶炼及压延工业和食品、饮料和烟草制造业，无论在碳强度上还是在人均碳排放水平上都是比较高的，属于重点治理的排污对象。

3.5　隐含碳测算与分析

隐含碳是指隐含在产品中的碳排放，包括产品整个生命周期内的各个环节，诸如原材料采购、生产、运输、最终消费等环节中产生的碳排放量。而贸易隐含碳排放则是指在贸易过程中贸易产品的隐含碳排放量，可以分为出口隐含碳排放和进口隐含碳排放。齐等（Qi et al.，2014）研究发现，我国净出口隐含碳排放占到我国碳排放总数的 22%，这意味着，我国为出口国家承担了 22% 的碳排放责任。而受制于经济发展阶段，作为一个发展中国家，我国的出口产品碳密集程度高的特点短时期较难得到改变。另外，净出口也刺激了我国经济的发展。从某个角度来看，净出口隐含碳可以看作一个成本投入，它不仅扩大了出口产品的市场，而且也起到了扩大就业、提高产业国际影响力等其他连锁性的积极作用。所以，净出口隐含碳是一把"双刃剑"，评价净出口隐含碳绩效水平便显得尤为重要。

在相关行业研究中，制造业净出口隐含碳一直是排名前几位的行业，甚至是最多的行业。周国富和朱倩（2014）通过测算发现，2002～2011 年出口贸易隐含碳排放的前 5 个行业全部属于制造业，分别为机械设备制造业、（纺织、服装、鞋帽及皮革制品业）、其他制造业、仪器仪表及文化办公用机械制造业、（通信设备、计算机及其他电子设备制造业）。这 5 个行业隐含碳总和占全部出口隐含碳的 71.37%～87.18%。

总结发现，关于隐含碳，已有研究存在以下不足。一是，制造业隐含碳的测算缺乏整体测算，仅局限于贸易隐含碳测算，导致视角不足。隐含碳的整体测算可以宏观把握隐含碳分布情况，厘清产业链条，明晰价值链条。二是，制造业隐含碳的测算年份不足。普遍测算以 1～3 年投入产出表进行研究，从而导致制造业隐含碳的长期发展把握不足。三是，方法指标不够完善，导致测算不够准确。在既有的隐含碳排放测算中，一般采用固定的行业碳排放强度系数，即单位增加值碳排放来统一作为碳排放的计算依据，这一点其实是不严谨的。碳排放主要来源于化石能源的燃烧，化石能源的使用量应当作为依据，而非增加值。这是因为，同样的增加值会有不同的能源消费结构，而不同的能源碳排放系数不同，则会导致同样的增加值水平带来不同碳排放的结果。本节采用 1995～2010 年具有投入产出表数据的 6 年数据来研究制造业隐含碳整体及贸易水平，衡量排放绩效，倒推结构调整，提高进出口效率，促进制造业低碳化发展。

3.5.1 净出口隐含碳排放测算方法——基于扩展的 IO 模型

整体隐含碳排放测算根据投入产出表，利用计算的各行业"生产者"原则下的碳排放水平，求出分行业碳排放强度。进而，利用价值型投入产出表，根据投入价值占分行业产值比重，计算出分行业隐含碳水平。最后汇总得到分行业整体隐含碳排放水平。

前文已经提及，净出口隐含碳排放测算一般采用投入产出法，传统投入产出表结构，如表 3-3 所示。而苏等（Su et al.，2013）通过区分加工制造出口和正常出口两种不同的中间投入，得到扩展的投入产出方法。在苏等（2013）之前，迪茨恩巴坎尔等（Dietzenbacher et al.，2012）便通过投入结构的分解，得出中国的出口隐含碳排放相比韦伯等（Weber et al.，2008）利用传统投入产出模型得到的结果下降了 40%，即传统的投入产出法对出口隐含碳排放的测算存在高估。相比迪茨恩巴坎尔等（2012），苏等（2013）在分解上由投入产出品分解为正常国内生产、加工出口、其他生产三种变为正常国内生产和加工出口两类。同时，在碳强度的计算上，迪茨恩巴坎尔等（2012）利用国内投入和进口投入的相对使用来进行估计，而苏等（2013）则采用了中国主要加工贸易出口省份（广东，福建和江苏）的碳强度。

表 3-3   传统投入产出表结构

项目	中间	最终需求	总产出
中间投入	$Z_d = Z_{dd} + Z_{dp}$	$y_d + y_e = y_d + (y_{ne} + y_{pe})$	x
进口	$Z_i = Z_{id} + Z_{ip}$	y_i	$y_m = Z_i \cdot I + y_i$
增加值	$V' = V_d + V_p$	—	—
总投入	X'	—	—

本章在苏等（2013）的基础上做出两点改进。一是碳强度的计算采用分行业分能源为基础的逐年计算。之前的碳排放计算一般比较固定，然后计算出固定的碳强度，并不随着年份的变化而变化。这是不科学的。因为，不同的时间段，不同产业产生相同产值的能源使用结构不同，所以导致碳强度也是不同的。本书将采用细分化石能源的计算方式来计算行业碳排放，并进一步计算出碳强度。二是对中间进口投入品做进一步分解，苏等（2013）将中间投入品分为进口中间投入品和国内中间投入品。然而进口的中间投入品又可以分为两部分，经过生产环节后用于国内消费和国外消费。国外消费部分即加工贸易出口，是应该剔除掉的部分。扩展的投入产出表结构，如表 3 - 4 所示。

表 3 - 4　　　　　　　　　　　扩展的投入产出表结构

中间投入	中间交易		最终需求	总进口
	国内使用和正常出口	加工出口		
国内使用和正常出口	Z_{dd}	Z_{dp}	$y_d + y_{ne}$	$x - y_{pe}$
加工出口	0	0	y_{pe}	y_{pe}
进口	Z_{id}	Z_{ip}	y_i	y_m
增加值	V_d	V_p	—	—
总进口	$x' - y_{pe}$	y_{pe}	—	—

社会总产出可以分解为两部分，一部分为中间投入品，另一部分为最终的消费品。即：

$$X = AX + y \qquad (3-4)$$

式（3 - 4）中，X 为社会总产出列向量，A 为生产技术系数矩阵，y 为社会总需求。那么由式（3 - 4）可以得出社会总产出的公式：

$$X = (I - A)^{-1} y \qquad (3-5)$$

式（3 - 5）中，I 为单位矩阵，$(I - A)^{-1}$ 即为列昂惕夫矩阵。如果所考察的经济系统是开放的，即它产生国际贸易，那么 y 又可以分为国内需求和出口需求。用 y^d 来表示国内需求，y^e 为出口需求，那么一国的社会总产出矩阵可以写为：

$$X = (I - A)^{-1} (y^d + y^e) \qquad (3-6)$$

碳强度是指单位产出的碳排放量。假定 E^d 为该国的碳强度矩阵，C^d 为该国的碳排放量，那么该国最终需求的隐含碳排放为：

$$CE^d = E^d \cdot X = E^d(I-A)^{-1}(y^d + y^e)$$
$$= E^d(I-A)^{-1}y^d + E^d(I-A)^{-1}y^e \qquad (3-7)$$

如果令 R^d 来代替 $E^d(I-A)^{-1}$，那么式（3-7）便可以简化为：

$$CE^d = R^d y^d + R^d y^e \qquad (3-8)$$

式（3-8）就比较直观地将 CE^d 分解为国内消费所引起的碳排放 $R^d y^d$ 和国内出口商品和服务所产生的碳排放 $R^d y^d$。除这两部分之外，还需要考虑进口产品所带来的碳排放。而进口又可以分为两部分，即进口的中间投入品 $A^m X$ 和进口的最终消费品 y^m，中间投入品又可以分为投入国内生产后的产品用于国内消费和投入国内生产的产品再出口两部分。进口产品或服务在国外的碳排放量为：

$$CE^m = R^m \cdot M = R^m \cdot [A^m(I-A)^{-1}(y^d + y^e) + y^m]$$
$$= R^m[A^m(I-A)^{-1}y^d + A^m(I-A)^{-1}y^e + y^m] \qquad (3-9)$$

其中，R^m 为获得单位最终需求而在国外直接和间接的隐含碳量，$R^m A^m(I-A)^{-1}y^d$ 为进口的中间投入品生产产品后用于国内消费的部分，$R^m A^m(I-A)^{-1}y^e$ 为进口的中间投入品生产产品后用于再出口的部分，y^m 为进口的最终产品或服务。那么可以计算总出口的隐含碳排放为：

$$CE^{te} = R^m \cdot A^m(I-A)^{-1}y^e + R^d y^e \qquad (3-10)$$

总进口的隐含碳排放为：

$$CE^{tm} = R^m A^m(I-A)^{-1}y^d + R^m y^m \qquad (3-11)$$

从而，可以进一步计算出净出口隐含碳为：

$$C^n = CE^{te} - CE^m = R^d y^e - R^m A^m(I-A^d)^{-1}y^d - R^m y^m \qquad (3-12)$$

其中 $R^d = E(I-A^d)^{-1}$，R^m 为获得单位最终需求而在国外直接和间接的隐含碳量，$R^d y^e$ 为出口产品的碳排放量，$R^m A^m(I-A^d)^{-1}y^d$ 为进口的中间投入品用于生产后的产品用于国内消费的碳排放量，$R^m y^m$ 为进口的产品或服务的碳排放量。如果 $C^n > 0$，说明被考察国家在贸易中增加了自己的碳排放量，而对于贸易国而言则在贸易中获益，将部分碳排放转移到被考察国家。相反，如果 $C^n < 0$，那么说明被考察国家在贸易中是获益的，在最终核算中减轻了自己碳排放量，部分转移给了贸易国。

3.5.2　数据来源、处理及行业归并

由于投入产出表是按照当年的生产价格计算，为保证前后年份的可比性，将投入产出表价值表按照 1994 年的价格水平统一平减，得到不变价格的数据。第一产业按照农业产品价格指数进行平减，以 1994 年为不变价格。第二产业按照工业品出厂价格指数（PPI）进行平减，以 1994 年为不变价格。第三产业无可公布利用的价格指数，且第二产业与第三产业联系紧密，第二产业的产品生产环节会进入第三产业的批发零售环节，所以第三产业也利用 PPI 进行平减，以 1994 年为不变价格。由于国家统计局公布的 PPI 分行业数据是从 2004 年开始统计，所以为保证一致性，采用工业总体 PPI 水平统一进行平减。将经济分行业的产值同样按照 1994 年的不变价格水平进行平减，得到不变价格的分行业产值水平。本章所用投入产出表均来自中国投入产出协会官方网站。分行业产值来自历年《中国统计年鉴》和《中国工业统计年鉴》。生产者原则碳排放测算数据及行业分配参照前文测算数据做相关处理。

由于投入产出表中行业分类与前文稍有不同，所以对行业归并需要重新处理。将制造业归并为 15 个行业。分别包括 B：食品、饮料和烟草制造业；C：纺织业；D：纺织服装鞋帽及皮革羽绒及其制品业；E：木材加工及家具制造业；F：造纸印刷及文教体育用品制造业；G：石油加工、炼焦及核燃料加工业；H：化学工业；I：非金属矿物制品业；J：金属冶炼及压延加工业；K：金属制品业；L：通用、专用设备制造业；M：交通运输设备制造业；N：电气、机械及器材制造业；O：通信设备、计算机及其他电子设备制造业；P：仪器仪表及文化办公用机械制造业①。

3.5.3　总体测算结果

经过测算发现，1995 年，隐含碳排放最多的 3 个行业为 B、C、D，分别为 18578.03 万吨、15637.99 万吨、8785.48 万吨；最少的为 P、

---

① 该处归并与前文生产者视角碳排放测算不同，需注意区分。

E、O，分别为 742.26 万吨、3466.34 万吨、6479.98 万吨。2010 年，隐含碳排放最多的 3 个行业为 H、B、J，分别为 89634.41 万吨、78707.67 万吨、74076.20 万吨；最少的为 P、E、F，分别为 5126.51 万吨、15171.12 万吨、16651.59 万吨。2010 年相比 1995 年，增幅最大的为 P、O、M，分别增长 591%、460%、388%；增幅最小的为 C、F、D，分别增长 0.46%、0.93%、1.08%。显然，制造业分行业隐含碳排放均处于上升态势，如表 3-5 所示。

表 3-5 　　　　　　　　　　制造业分行业隐含碳排放情况　　　　　　　　单位：万吨

代号	行业名称	1995 年	1997 年	2002 年	2005 年	2007 年	2010 年
B	食品、饮料和烟草制造业	18578.03	27001.47	27494.66	37457.45	53692.24	78707.67
C	纺织业	15637.99	14664.01	12662.64	16298.45	20217.00	22907.93
D	纺织服装鞋帽及皮革羽绒及其制品业	8785.48	7977.88	8480.77	12203.78	13697.70	18252.90
E	木材加工及家具制造业	3466.34	4104.76	7180.75	9366.67	11400.91	15171.12
F	造纸印刷及文教体育用品制造业	8639.49	7266.56	10218.14	14536.43	12172.24	16651.59
G	石油加工、炼焦及核燃料加工业	7146.54	7436.88	12531.50	21123.51	24784.37	25342.26
H	化学工业	27382.73	34934.93	40443.34	52930.63	66045.89	89634.41
I	非金属矿物制品业	17827.03	25327.94	14293.12	28721.62	31979.02	53680.72
J	金属冶炼及压延加工业	25524.03	24454.05	40231.04	43780.03	63300.35	74076.20
K	金属制品业	10674.43	16037.08	14831.47	14219.08	17472.37	23455.86
L	通用、专用设备制造业	17470.01	15944.29	22865.33	31134.49	35931.04	62113.80
M	交通运输设备制造业	8147.47	8538.65	12703.61	17297.68	22892.37	39783.11
N	电气、机械及器材制造业	10045.69	13807.98	14111.83	20810.43	26264.75	44195.59

代号	行业名称	1995 年	1997 年	2002 年	2005 年	2007 年	2010 年
O	通信设备、计算机及其他电子设备制造业	6479.98	6808.88	13429.80	23885.95	24826.91	36270.27
P	仪器仪表及文化办公用机械制造业	742.26	1515.08	2437.39	4314.58	3412.40	5126.51

1995 年净出口隐含碳行业为 B、C、D、E、F、I、K、N，共计 8 个行业，其余行业均为净进口隐含碳行业。从净出口隐含碳水平来看，净出口隐含碳排放最多的 3 个行业为 I、C、F，分别为 1107.44 万吨、698.43 万吨、647.51 万吨。最少的行业为 J、H、L，分别净进口 1574.60 万吨、1425.88 万吨、1047.96 万吨。2010 年净出口隐含碳为正的行业为 C、D、E、F、I、K、N、O，共计 8 个行业，其余行业为净进口隐含碳行业。从净出口隐含碳水平来看，2010 年净出口隐含碳排放最多的 3 个行业为 I、C、O，分别净出口 1478.05 万吨、1013.64 万吨、247.40 万吨；净出口隐含碳排放最少的 3 个行业为 H、J、G，分别净进口 667.82 万吨、1456.36 万吨、1655 万吨。从净出口隐含碳变化来看，2010 年相比 1995 年净出口隐含碳排放增幅最大的 3 个行业为 E、G、N，分别为 604%，224%，190%。增幅最小的 3 个行业为 L、B、O，分别为 -91%、-118%、-355%。从净出口隐含碳数量变动来看，1995~2010 年考察的 6 年分别为 8 个、10 个、8 个、10 个、11 个、8 个，占到制造业行业数量的一半以上，如表 3-6 所示。

表 3-6　　制造业 15 行业净出口隐含碳排放情况　单位：万吨

代号	行业名称	1995 年	1997 年	2002 年	2005 年	2007 年	2010 年
B	食品、饮料和烟草制造业	111.49	229.38	227.77	127.61	47.92	-19.87
C	纺织业	698.43	809.35	881.34	730.23	1263.61	1013.64
D	纺织服装鞋帽及皮革羽绒及其制品业	387.64	329.62	356.50	235.62	231.51	197.78

代号	行业名称	1995 年	1997 年	2002 年	2005 年	2007 年	2010 年
E	木材加工及家具制造业	18.64	125.79	217.55	191.58	197.37	131.18
F	造纸印刷及文教体育用品制造业	647.51	239.54	264.76	225.02	264.72	178.40
G	石油加工、炼焦及核燃料加工业	−511.32	−969.50	−915.94	−5745.33	−1070.21	−1655.00
H	化学工业	−1425.88	−1620.94	−2387.45	−1747.84	−1001.96	−667.82
I	非金属矿物制品业	1107.44	1211.99	1350.65	1242.73	1870.08	1478.05
J	金属冶炼及压延加工业	−1574.60	−1592.21	−4841.27	−1405.32	870.57	−1456.36
K	金属制品业	168.49	212.49	223.17	360.26	337.72	190.21
L	通用、专用设备制造业	−1047.96	−589.02	−366.14	−124.62	−64.42	−95.98
M	交通运输设备制造业	−176.32	−76.70	−70.12	2.80	13.75	−32.98
N	电气、机械及器材制造业	66.34	171.81	73.74	62.11	167.18	192.63
O	通信设备、计算机及其他电子设备制造业	−96.97	39.27	−120.08	122.62	250.43	247.40
P	仪器仪表及文化办公用机械制造业	−91.87	31.23	−25.60	−49.42	−34.14	−52.59

3.5.4 隐含碳排放绩效

隐含碳排放绩效代表单位隐含碳的产值大小,计算方法为行业的产值水平与行业隐含碳的比值,表示隐含碳排放的绩效水平。隐含碳排放绩效水平越高,表明行业的隐含碳利用率越高,隐含碳排放经济价值越大，反之则越低越小。从隐含碳排放绩效来看，制造业 15 行业均呈现上升态势，表明隐含碳排放的经济价值在增加，如表 3 - 7 所示。

表 3 - 7　　　　　　　制造业 15 行业隐含碳排放绩效　　　　单位：万元/吨

代号	行业名称	1995 年	1997 年	2002 年	2005 年	2007 年	2010 年
B	食品、饮料和烟草制造业	0.1478	0.1325	0.1994	0.2079	0.2101	0.2370
C	纺织业	0.2562	0.2754	0.4595	0.6237	0.7000	0.8811
D	纺织服装鞋帽及皮革羽绒及其制品业	0.1456	0.1962	0.3139	0.3270	0.4192	0.4783
E	木材加工及家具制造业	0.1586	0.1956	0.1720	0.2788	0.3939	0.5511
F	造纸印刷及文教体育用品制造业	0.1810	0.2696	0.3298	0.3911	0.6542	0.7285
G	石油加工、炼焦及核燃料加工业	0.2470	0.2931	0.3488	0.4557	0.5441	0.8169
H	化学工业	0.2332	0.2203	0.3223	0.4620	0.5589	0.6667
I	非金属矿物制品业	0.1474	0.1282	0.2912	0.2568	0.3676	0.4228
J	金属冶炼及压延加工业	0.1716	0.1848	0.2064	0.5389	0.6174	0.7642
K	金属制品业	0.1346	0.1099	0.2029	0.3699	0.4949	0.6078
L	通用、专用设备制造业	0.2054	0.2599	0.2823	0.4302	0.6099	0.6463
M	交通运输设备制造业	0.3529	0.4096	0.6010	0.7288	0.8958	0.9869
N	电气、机械及器材制造业	0.2248	0.2068	0.3975	0.5359	0.6908	0.6944
O	通信设备、计算机及其他电子设备制造业	0.3399	0.4885	0.7678	0.9066	1.1935	1.0731
P	仪器仪表及文化办公用机械制造业	0.4991	0.3359	0.4083	0.5171	0.9537	0.8838

分行业来看，K、J、F 行业上升幅度最大，2010 年相比 1995 年分别上升 352%、345%、302%，分别上升至 0.6078 万元/吨、0.7642 万元/吨、0.7285 万元/吨。M、P、B 行业上升幅度最小，2010 年相比 1995 年分别上升 180%、77%、60%，分别上升至 0.9869 万元/吨、0.8838 万元/吨、0.2370 万元/吨。1995 年，隐含碳排放绩效最大的 3 个行业为 P、M、O，分别为 0.4991 万元/吨、0.3529 万元/吨、0.3399 万元/吨；I、D、K 最小，分别为 0.1474 万元/吨、0.1456 万元/吨、0.1346 万元/吨。2010 年，隐含碳排放绩效最大的 3 个行业为 O、M、P，分别为 1.0731 万元/吨、0.9869 万元/吨、0.8838 万元/吨；D、I、B 行业最小，分别为 0.4783 万元/吨、0.4228 万元/吨、0.2370 万元/吨。

3.5.5　隐含碳排放密集度

定义行业出口隐含碳密集度为隐含碳排放比重与行业产值比重的比值，如果取值大于 1，表明行业属于隐含碳排放密集型行业；如果小于 1，表明行业属于隐含碳排放稀疏性行业。由于 1995 年缺乏进口数据和出口数据，所以仅统计了 1997 年、2002 年、2005 年、2007 年、2010 年的分布条件状况。以 2010 年为例，出口隐含碳密集度最高的为 G、I、J，分别为 8.72、7.43、6.61，均远远大于 1，属于出口隐含碳排放高密集型行业，如表 3－8 所示。密集度最低的为 L、M、N、O、P，均为 0.26，属于出口隐含碳排放稀疏性行业，由于在前期统计碳强度时这些行业均处理为一个大类行业，所以所计算密集度一致。2010 年出口隐含碳密集度大于 1 的行业共计 4 个，其他年份也均为 4 个。而且值得注意的一个现象是，考察的 6 个年份中，碳排放密集行业均为固定的 4 个行业，即 G、H、I、J。从隐含碳排放密集型行业变动情况来看，G 行业从 1997 年的 3.77 增至 2010 年的 8.72，增幅高达 131%。H 行业从 2.28 下降至 1.83，降幅约 20%。I 行业从 5.29 上升至 7.43，增幅达 41%。J 行业从 3.99 上升至 6.61，增幅达 66%。可见出口隐含碳排放密集行业有更加密集的趋势。降幅最大的行业为 E，从 0.60 下降至 0.39，降幅达 35%。而其他出口隐含碳排放稀疏型行业也均呈现微增或下降的趋势。制造业分行业出口隐含碳排放呈现两极分化的趋势。

表 3-8　　　　　　　制造业 15 行业进出口隐含碳密集度

代号	行业名称	出口隐含碳					进口隐含碳				
		1997年	2002年	2005年	2007年	2010年	1997年	2002年	2005年	2007年	2010年
B	食品、饮料和烟草制造业	0.74	0.95	0.88	0.64	0.61	0.58	0.85	0.63	0.48	0.38
C	纺织业	0.81	0.89	0.79	0.75	0.84	0.64	0.80	0.56	0.56	0.53
D	纺织服装鞋帽及皮革羽绒及其制品业	0.15	0.23	0.25	0.20	0.26	0.12	0.21	0.18	0.15	0.16
E	木材加工及家具制造业	0.60	0.70	0.60	0.40	0.39	0.47	0.63	0.43	0.30	0.25
F	造纸印刷及文教体育用品制造业	0.90	0.96	0.99	0.81	0.96	0.71	0.87	0.70	0.60	0.60
G	石油加工、炼焦及核燃料加工业	3.77	5.43	7.86	6.92	8.72	2.96	4.88	5.60	5.14	5.47
H	化学工业	2.28	2.58	2.84	2.37	1.83	1.79	2.32	2.03	1.76	1.15
I	非金属矿物制品业	5.29	9.38	8.48	7.45	7.43	4.14	8.44	6.05	5.54	4.67
J	金属冶炼及压延加工业	3.99	5.84	4.16	4.60	6.61	3.13	5.26	2.96	3.42	4.15
K	金属制品业	0.57	0.65	0.76	0.50	0.46	0.45	0.58	0.54	0.37	0.29
L	通用、专用设备制造业	0.39	0.31	0.26	0.22	0.26	0.31	0.28	0.18	0.16	0.16
M	交通运输设备制造业	0.39	0.31	0.26	0.22	0.26	0.31	0.28	0.18	0.16	0.16
N	电气、机械及器材制造业	0.39	0.31	0.26	0.22	0.26	0.31	0.28	0.18	0.16	0.16
O	通信设备、计算机及其他电子设备制造业	0.39	0.31	0.26	0.22	0.26	0.31	0.28	0.18	0.16	0.16
P	仪器仪表及文化办公用机械制造业	0.39	0.31	0.26	0.22	0.26	0.31	0.28	0.18	0.16	0.16

同样定义进口隐含碳密集度为行业进口隐含碳占制造业总排放比重与行业进口产值比重的比值。如果取值大于 1，表明属于进口隐含碳密集行业。如果小于 1，则属于进口隐含碳稀疏行业。以 2010 年为例，进口隐含碳密集行业共计 4 个，分别是 G、I、J、H，密集度分别为 5.47、4.67、4.15、1.15。除 H 外，均远大于 1，属于进口隐含碳高密集行业。进口隐含碳密集度最低的是 D、L、M、N、O、P，均为 0.16。从变化来看，进口隐含碳密集行业一直为 G、H、I、J 行业。从变动情况来看，G 从 1997 年的 2.96 上升至 2010 年的 5.47，增幅达 85%。H 从 1.79 下降至 1.15，降幅为 36%。I 从 4.14 上升至 4.67，增幅达 13%。J 从 3.13 上升至 4.15，增幅达 33%。除 H 下降外，其他 3 个进口隐含碳密集行业密集度均呈现上升趋势，表明进口隐含碳密集行业呈现更趋密集的趋势。其他行业除 D 出现上升外，均出现下降，表明制造业进口隐含碳密集度呈现两极分化趋势。值得注意的是，进口隐含碳密集度与出口隐含碳密集度非常相似，都存在密集结构相同、密集趋势相同的特点。

3.5.6 细分行业的出口结构调整

定义净出口隐含碳排放绩效为净出口隐含碳与净出口产值的比重，其值越大，表明净出口隐含碳经济价值越大。如表 3-9 所示，1995 年，净出口隐含碳行业有 8 个，分别是 B、C、D、E、F、K、N，其余为净进口隐含碳行业。最多的 3 个行业为 D、N、K，分别为 3.9211 万元/吨、1.1764 万元/吨、1.1051 万元/吨；最少的 3 个行业为 I、F、C，分别为 0.1183 万元/吨、0.7427 万元/吨、0.8348 万元/吨。净进口隐含碳最多的 3 个行业为 P、O、M，均为 1.1764 万元/吨。净进口隐含碳最少的 3 个行业为 G、J、H，分别为 0.1878 万元/吨、0.2121 万元/吨、0.3597 万元/吨。2010 年，净出口隐含碳行业有 8 个，为 N、D、E、K、B、C、F、I。净出口隐含碳最多的 3 个行业为 N、D、E，分别为 18.5000 万元/吨、18.3018 万元/吨、12.0692 万元/吨。最少的 3 个行业为 C、F、I，分别为 5.6070 万元/吨、4.9051 万元/吨、0.6358 万元/吨。净进口隐含碳最多的 3 个行业为 M、O、P，均为 18.5000 万元/吨。净进口隐含碳最少的 3 个行业为 H、J、G，分别为 2.5874

万元/吨、0.7151 万元/吨、0.5420 万元/吨。从净出口和净进口隐含碳的结构变化看，考察期内保持绝对稳定。净出口和净进口隐含碳排放绩效方差从 1995 年的 1.8240 上升至 2010 年的 172.0848，呈现两极分化趋势。

表3-9 净出口和净进口行业的隐含碳排放绩效　　单位：万元/吨

代号	行业名称	1995 年	1997 年	2002 年	2005 年	2007 年	2010 年
B	食品、饮料和烟草制造业	0.8431	0.9708	1.4693	3.7917	5.2117	7.7474
C	纺织业	0.8348	0.8779	1.5727	4.2355	4.4224	5.6070
D	纺织服装鞋帽及皮革羽绒及其制品业	3.9211	4.6966	6.0139	13.5895	16.5232	18.0318
E	木材加工及家具制造业	1.0390	1.1866	1.9957	5.5532	8.2442	12.0692
F	造纸印刷及文教体育用品制造业	0.7427	0.7943	1.4489	3.3862	4.0971	4.9051
G	石油加工、炼焦及核燃料加工业	-0.1878	-0.1895	-0.2571	-0.4260	-0.4816	-0.5420
H	化学工业	-0.3597	-0.3133	-0.5401	-1.1777	-1.4078	-2.5874
I	非金属矿物制品业	0.1183	0.1353	0.1487	0.3945	0.4469	0.6358
J	金属冶炼及压延加工业	-0.2121	-0.1793	-0.2387	-0.8052	-0.7245	-0.7151
K	金属制品业	1.1051	1.2592	2.1493	4.3832	6.6518	10.1832
L	通用、专用设备制造业	-1.1764	-1.8375	-4.5597	-12.9867	-15.3197	-18.5000
M	交通运输设备制造业	-1.1764	-1.8375	-4.5597	-12.9867	-15.3197	-18.5000
N	电气、机械及器材制造业	1.1764	1.8375	4.5597	12.9867	15.3197	18.5000
O	通信设备、计算机及其他电子设备制造业	-1.1764	-1.8375	-4.5597	-12.9867	-15.3197	-18.5000

续表

代号	行业名称	1995 年	1997 年	2002 年	2005 年	2007 年	2010 年
P	仪器仪表及文化办公用机械制造业	-1.1764	-1.8375	-4.5597	-12.9867	-15.3197	-18.5000
	方差	1.8240	3.1097	11.1351	80.1234	116.0389	172.0848

注：正值为净出口隐含碳排放，负值为净进口隐含碳排放。

根据净出口和净进口隐含碳绩效分布情况，可以调整制造业贸易产业结构，达到制造业隐含碳排放高效化、隐含低碳化的发展目标。以 2010 年数据为调整依据，适度鼓励发展 N、D、E 行业，重点控制 C、F、I 行业，推动净出口隐含碳排放绩效提高，使我国制造业在以"生产者"原则测算的框架下获取更多的碳排放经济利益，促进产业发展，提高就业水平。适度鼓励发展 M、O、P 行业，重点控制 G、J、H 行业，推动净进口隐含碳排放绩效提高，实现国际购买的低碳发展，推动国外产业低碳化，为全球碳减排做出源头上的调整。

3.6 小　结

本章从生产者角度和消费者角度对我国工业的碳排放进行了测算，其中生产者角度碳排放根据细分的化石能源分类对我国制造业的总体碳排放、分行业碳排放、区域碳排放进行了总体测算，测算时间段为 1991~2013 年。消费者角度即隐含碳排放测算，对我国制造业 1995~2010 年 6 个年份整体及贸易隐含碳排放进行测算。研究得到以下结论：

第一，测算发现，我国的工业碳排放自 1991 年以来大体呈现前期平稳，后期陡增的态势，且可以分为三个阶段。而制造业的碳排放在整个工业的碳排放中占比在 80% 以上，相当一段时间达到 90% 以上。在制造业的内部的碳排放结构上，黑色金属冶炼及压延加工业、非金属矿物制品业、化学原料及化学品制品业为排放的前三名。通过制造业行业内部的碳强度和人均碳排放水平的综合比较，有色金属冶炼及压延加工业，食品、饮料和烟草制造业为排放的较高行业，属于重点治理对象。

　　第二，本章从隐含流的角度对制造业整体及贸易中的隐含碳进行了测算及相关分析①。利用扩展的 I－O 模型，通过分行业的碳强度计算，利用中国投入产出协会公布的 1995～2010 年 6 年的投入产出表，测算了制造业 15 行业的隐含碳排放，得到以下结论：一是制造业隐含碳排放处于上升态势，2010 年相比 1995 年，P、O、M 分别增长 591%、460%、388%；C、F、D，分别增长 0.46%、0.93%、1.08%；净出口隐含碳排放为正行业持续占到一半以上，最高出现在 2007 年，为 11 个。2010 年相比 1995 年 E、G、N 增幅最大，分别为 604%、224%、190%。L、B、O 增幅最小，分别为 -91%、-118%、-355%。二是制造业隐含碳排放绩效全面持续上升。2010 年相比 1995 年 K、J、F 行业增幅最大，分别上升 352%、345%、302%。M、P、B 行业上升幅度最小，分别为 180%、77%、60%。2010 年 O、M、P，隐含碳排放绩效水平最高，分别为 1.0731 万元/吨、0.9869 万元/吨、0.8838 万元/吨。三是进出口隐含碳排放密集度呈现两极分化趋势。2010 年，G、I、J 的出口隐含碳密集度最高，分别为 8.72、7.43、6.61，L、M、N 最低，均为 0.26。相比 1997 年，G 行业增长 131%，增幅最大。E 行业下降 35%，降幅最大。2010 年，G、I、J 行业进口隐含碳密集度最高，分别为 5.47、4.67、4.15。D、L、M 最低，均为 0.16。相比 1997 年，G 上升 85%，增幅最大。四是通过调整贸易产业结构，可以达到制造业隐含碳排放高效化，隐含低碳化的发展目标。根据 2010 年数据，应适度鼓励发展 N、D、E 行业，重点控制 C、F、I 行业，以推动净出口隐含碳排放绩效提高。应适度鼓励发展 M、O、P 行业，重点控制 G、J、H 行业，推动净进口隐含碳排放绩效提高。

　　"供给侧改革"应将制造业作为重点行业，一方面优化经济发展引擎，另一方面更好迎合消费需求。本书隐含碳排放的研究为制造业的"供给侧改革"提供了新的思路，主要有三个方面的内容。

　　第一，"供给侧改革"应重点发展隐含碳排放绩效的高行业。隐含

---

　　① B：食品、饮料和烟草制造业；C：纺织业；D：纺织服装鞋帽及皮革羽绒及其制品业；E：木材加工及家具制造业；F：造纸印刷及文教体育用品制造业；G：石油加工、炼焦及核燃料加工业；H：化学工业；I：非金属矿物制品业；J：金属冶炼及压延加工业；K：金属制品业；L：通用、专用设备制造业；M：交通运输设备制造业；N：电气、机械及器材制造业；O：通信设备、计算机及其他电子设备制造业；P：仪器仪表及文化办公用机械制造业。为方便对照，在此用脚注形式重新注明。

碳排放绩效反映了生产过程中碳排放的高水平利用率，利用率越高说明在付出一定环境代价的情况下，该行业赢得了更好的经济价值。"供给侧改革"是一种结构性改革，改革目的是为了让供给与消费更加匹配。而隐含碳排放绩效则从环境角度反映了行业的成长性与碳减排空间，某种程度上代表了行业的良性发展。经济价值的创造正是由于满足了消费者的需求而获得的，从而说明隐含碳排放绩效高的行业恰恰是较高程度地在较低环境损害的前提下较高水平地满足了消费的需求。根据前文，应重点发展仪器仪表及文化办公用机械制造业，交通运输设备制造业，通信设备、计算机及其他电子设备制造业；适当控制纺织业，纺织服装鞋帽及皮革羽绒及其制品业，非金属矿物制品业，食品、饮料和烟草制造业。

第二，"供给侧改革"应重点发展隐含碳排放密集度低的行业。隐含碳排放密集度反映了行业规模大小与隐含碳排放大小的相对性。隐含碳排放密集度越低说明行业的规模大，但是隐含碳排放却较低。这反映了这个行业既较好地迎合了社会的需求，同时又造成了较低的环境污染。"供给侧改革"应该促成一批低污染、大规模的行业企业，这对于技术引领、模范带动、积极整合都能起到至关重要的作用。根据前文，应重点发展通用、专用设备制造业，交通运输设备制造业，电气、机械及器材制造业，通信设备、计算机及其他电子设备制造业，仪器仪表及文化办公用机械制造业；适当控制石油加工、炼焦及核燃料加工业，化学工业，非金属矿物制品业，金属冶炼及压延加工业。

第三，"供给侧改革"应重点发展净出口隐含碳排放绩效高的行业。与隐含碳排放绩效不同，净出口隐含碳排放核算了净出口所造成的隐含碳带来的经济效益。前文提到，诸多研究表明我国隐含碳排放（包括制造业）的净出口常年是正值，表明我国的碳排放有相当一部分是由国外的消费需求所造成的。这一部分碳排放成为我国为某些出口国家担负的"环境债"，这虽然不公平，但却是现状。所以，如何利用好这一部分"环境债"，是摆在众多净出口隐含碳排放行业面前的重要课题。根据前文，适度鼓励发展电气、机械及器材制造业，纺织服装鞋帽及皮革羽绒及其制品业，木材加工及家具制造业；重点控制纺织业，造纸印刷及文教体育用品制造业，非金属矿物制品业，推动净出口隐含碳排放绩效提高，使我国制造业在以"生产者"原则核算的框架下获取更多的碳排放经济利益，促进行业发展，提高就业水平。适度鼓励发展交通运输设备制造业，通信设备、计算机及其他电子设备制造业，仪器仪表及文化办公用机械制造业行业；重点控制石油加工、炼焦及核燃料加工业，金属冶炼及压延加工业，化学工业，推动净进口隐含碳排放绩效提高，实现国际购买的低碳发展，为全球碳减排做出源头上的调整。

整合来看，在三类"供给侧改革"的倾向性建议中，只有纺织业，纺织服装鞋帽及皮革羽绒及其制品业存在矛盾，其他产业意见较为一致。所以，为促进我国"供给侧改革"朝着低碳化方向发展，应重点发展仪器仪表及文化办公用品机械制造业，交通运输设备制造业，通信设备、计算机及其他电子设备制造业，通用、专用设备制造业，电气、机械及器材制造业，木材加工及家具制造业；适当控制石油加工、炼焦及核燃料加工业，化学工业，非金属矿物制品业，食品、饮料和烟草制造业，金属冶炼及压延加工业。

第4章　经济增长的碳排放效应

4.1　引　　言

　　处理好经济增长与碳排放的关系是人类在 21 世纪面临的重要议题，也是环境规制与可持续发展研究的一个重要方向。经济增长的同时往往伴随着产业结构优化、能源利用效率提高、社会技术水平进步、节能减排经费支出增加、碳排放市场制度成熟等一系列变量的动态调整，这也意味着经济增长与碳排放的关系存在调整的空间，二者之间的矛盾并非不可调和，经济增长有可能带来碳排放水平下降。在现有研究中，碳排放 EKC 是经济增长与碳排放关系研究中使用最为广泛、争议最为激烈、应用最为直接的一个假说。如何更加准确、科学、合理地验证碳排放 EKC 假说，对于在经济发展过程中合理把握碳减排的方向和力度具有十分重要的作用。

　　目前，学术界关于碳排放 EKC 的研究结论大致可以分为三类。第一类是以赛顿和宋（Seldon & Song）、迪茨和罗绍（Dietz & Rosa）、加莱奥塔和兰萨（Galeottia & Lanza）、许广月和宋德勇等为代表的"倒 U 形论"。他们认为，碳排放与经济增长之间的确存在倒 U 形关系。第二类是以霍尔茨－埃金和塞登（Holtz－Eakin & Selden）、德布鲁因和奥普朔尔（de Bruyn & Opschoor）、弗里德尔和盖特纳（Friedl & Getzner）、韩玉军和陆旸等为代表的"其他形状论"。他们认为，碳排放与经济增长之间的确存在某种长期变动关系，但并非倒 U 形关系，而是其他形状。其中，德布鲁因和奥普朔尔（de Bruyn & Opschoor）、弗里德尔和盖特纳（Friedl & Getzner）发现两者之间呈现 N 形关系，而韩玉军和陆旸则通过分组研究发现不同发展水平的国家具有不同的表现形状。第三类是以安格拉斯和查普曼（Agras & Chapman）、理查德等（Richard et al.）、安佐马乌和莱内（Azomahou & Laisney）等为代表的"不存在论"。他们认为，碳排放 EKC 并不存在。碳排放 EKC 的"不存在论"主要是采用较为简化的形式针对碳排放 EKC 进行的检验，没有考虑其他重要变量。其中，贸易就是一个重要变量。莱文森和泰勒（Levinson & Taylor）首次将贸易量引入 EKC 检验中，得到了不同结论，并逐步引发了关于国际贸易是否导致碳转移的污染天堂假说（Pollution Haven Hypothesis，PHH）的大讨论。韦伯（Weber）、彼得斯（Peters）、谢里夫（Sharif）以及王文举等通过实证分析验证了 PHH 假说的存在性。然而，安特魏勒等（Antweiler et al.）分析了贸易开放对环境的影响机理，并通过实证检验发现，由贸易带来的技术和规模效应显著减少了污染，在总体上对环境起到了积极作用。贾菲等（Jaffe et al.）、雅尼克等（Janicke et al.）、亨里克（Henrik）也通过实证研究发现 PHH 假说并不存在。关于 PHH 假说存在性的争议将直接影响国际碳排放核算体系设计取向，而当前以生产者原则为核心的核算体系是否公正也要以 PHH 假说的结论为重要判别依据。

　　不同研究带来的争议使 EKC 的检验方法和原则逐渐得到关注。已有的 EKC 检验有一个重要的假设前提，即不同国家在面临检验时是同质的。这一同质性假定隐含着一个重要条件：不同国家的环境影响因素和轨迹应该是趋同的。也就是说，在同一经济发展阶段，环境影响因素的大小和方向是一致的。然而，在实际中，这一假定很难被满足，产生了碳排放 EKC 的"异质性难题"。为解决"异质性难题"，韩玉军和陆旸以工业增加值比重为 40%、25%，人均 GDP 为 5000 美元作为分组标准，研究了不同国家的碳排放 EKC 曲线。这种分组方法未能克服主观随意性，分组标准并不清晰，组别趋同性的大小仍然存疑。邹庆利用中国省际面板数据检验了碳排放 EKC 的存在性。然而，碳排放 EKC 是否可以延伸至国家内部的区域层面进行研究缺乏理论上的支持。总体而言，现有研究仍然存在一些不足：一是在验证不同国家或地区碳排放 EKC 假说时，暗含了同质性假定，没有解决"异质性难题"，并且忽视了碳排放 EKC 机理"是否可延伸"。碳排放 EKC"异质性难题"的存在导致了研究结论的脆弱性和适用的局限性。二是既有研究分组依据不足或缺乏科学性。目前研究主要以主观分组为主，而以模型确定的分组却又存在分组变量不合适的问题。三是在同质性假定下验证 PHH 假说,影响了定量分析结果的准确性,也无法讨论不同国家在贸易开放中碳排放增量大小问题。本章的主要贡献在于:一是针对碳排放 EKC "异质性难题"的成因和可能产生的影响,提出化解和验证这一难题的理论思路,利用门限回归方法进行国别层面分组研究,验证理论假设,化解"异质性难题"。二是在国别层面的碳排放 EKC 分组研究中引入贸易开放因素。利用"进出口贸易额占 GDP 比重"代表贸易开放程度,在验证碳排放 EKC "异质性难题"的同时,检验了 PHH 假说的存在性。三是将"异质性难题"的化解、贸易开放因素与新工业革命相结合,设计新型碳排放核算体系的实现路径,以实现国别碳排放责任的合理分配。四是检验制造业内部的碳排放 EKC 的存在性,探讨碳排放 EKC 的"是否可延伸"问题。碳排放 EKC "异质性难题"的化解对于提高环境规制政策的有效性、科学性和针对性具有显著的现实意义。

4.2 碳排放 EKC 检验——国别层面

本小节在解释碳排放 EKC "异质性难题"产生原因的基础上,对"异质性难题"可能带来的影响进行了理论分析,并围绕"异质性难题"的化解和验证提出了理论假设。在传统碳排放 EKC 检验模型的基础上,结合 PHH 假说,引入贸易开放因素,基于"发展水平"和"发展结构"两个维度,采用门限回归方法对 82 个国家进行分组研究,以化解碳排放 EKC 研究的"异质性难题"。实证检验部分,利用协整检验确定二次项检验为优先检验方程,以三次项检验作为补充检验,检验碳排放 EKC 的异化可能性。检验结果表明,碳排放 EKC 在不同组别的形状和拐点显著不同,"高发展水平"国家、"较高发展水平、较低工业化"国家以及印度、孟加拉国呈现显著的倒 U 形,其他国家均呈现 U 形。在碳排放 EKC 的异化检验中,"高发展水平、较低工业化""较高发展水平、低工业化"两组国家具备 N 形的异化可能、"低发展水平、低工业化"国家具备反 N 形的异化可能。本小结在化解碳排放 EKC "异质性难题"的同时,也分析了贸易开放和新工业革命对碳排放的影响,验证了在门限分组情况下 PHH 假说的存在性,发现国际贸易实现了碳排放转移，并导致了不同的碳排放增长速率；工业化程度显著提高了碳排放，但新工业革命将有力推动经济发展摆脱制造业与碳排放的"双增"困境。碳排放 EKC"异质性难题"的化解对于准确把握经济增长与碳排放的关系，制定科学合理的国际碳排放核算体系和碳排放控制政策具有重要意义。

4.2.1　理论分析

碳排放 EKC 描述的是环境质量与人均收入之间的关系，即在经济发展初期阶段，环境质量随着人均收入提高而恶化；当经济发展到一定阶段、人均收入上升到一定程度后，环境质量又随着人均收入提高而得到改善。也就是说，环境质量与人均收入之间呈倒 U 形关系。碳排放 EKC 结论的形成有赖于经济发展水平与环境质量之间的对应关系，即在同样的发展水平下，环境质量受到的影响因素应该是相近的。这就是碳排放 EKC 的同质性假定。在实证检验中，该方法将发展中经济体与发达经济体的相关数据进行简单"对接"，忽略不同经济体在发展结构、资源禀赋、技术水平、市场发育程度、政治体制、基础设施、政府政策等方面的差异，简单地假定所有经济体同质。然而，在实际中，不同的国家和地区在经济发展层次、速率、水平、结构以及技术背景和政策背景等方面都存在较大差异，如果对所有的国家和地区不加以分组研究，就会产生碳排放 EKC 的"异质性难题"。

碳排放 EKC 的"异质性难题"是由不同国家在碳排放影响因素上的差异而导致的。为了分析碳排放 EKC"异质性难题"的成因，我们梳理了学术界关于碳排放影响因素的分析，以便对这些因素进行归类。目前，学术界关于碳排放影响因素的常用分析模型可以归纳为两大类，即以 IPAT 模型为基础的系列模型和以 Kaya 恒等式为基础的系列模型。IPAT 模型是由埃利希和霍顿（Ehrlich & Holdren）首次提出的，他将环境压力（impact）的影响因素分解为人口（population）、财富（affluence）、技术（technology）。由于该模型反映的是碳排放与影响因素之间单调、线性关系且与 EKC 曲线的研究结论相悖，迪茨和罗绍（Dietz & Rosa, 1994）将其改为随机形式，即 STIRPAT 模型（Stochastic Impacts by Regression and Population, Affluence and Technology）：

$$I_i = \alpha \cdot P_i^b \cdot A_i^c \cdot T_i^d \cdot \varepsilon_i \qquad (4-1)$$

式（4-1）中，P_i 代表人口，A_i 代表财富，T_i 代表技术，α 为系数，ε_i 为随机误差项，b、c、d 为各影响因素的指数。根据研究对象的不同，三个影响因素既可以单独考察，也可以拆分研究，而且可以进行变量替换。

Kaya 恒等式是日本学者茅阳一（Kaya）于 1989 年提出的，其基础模型为：

$$GHG = \frac{GHG}{TEN} \frac{TEN}{GDP} \frac{GDP}{POP} POP \qquad (4-2)$$

式（4-2）中，GHG 代表二氧化碳排放量，TEN 代表能源消费总量，GDP 代表国内生产总值，POP 代表总人口。这一等式由于是对二氧化碳排放影响因素分析的恒等分解，因此被命名为 Kaya 恒等式。Kaya 恒等式将碳排放影响因素分解为能源碳强度$\left(\frac{GHG}{TEN}\right)$、能源强度$\left(\frac{TEN}{GDP}\right)$、人均 GDP$\left(\frac{GDP}{POP}\right)$、总人口（POP）4 个因素。

为了更好地分析碳排放的影响因素，大量学者根据研究需要和数据可得性对 IPAT 模型和 Kaya 恒等式进行了改进和拓展，形成了 IPAT 系列模型和以 Kaya 恒等式为基础的系列模型。IPAT 系列模型应用形式相对灵活，便于变量替换和拆分；以 Kaya 恒等式为基础的系列模型的指标更加具体，分析结果相对客观。这两类模型中所涉及的碳排放影响因素如表 4-1 所示。根据碳排放影响因素的性质，我们将以上因素归纳为两个分析维度，即"发展水平"和"发展结构"。这两个维度基本涵盖了表征碳排放 EKC 研究中国家"异质性"的主要影响因素。发展水平可以将国民收入、技术进步、城市化等因素涵盖其中，而发展结构可以将工业化水平（产业结构）、能源结构、投资结构、进出口结构等因素囊括其中。

表 4-1　　　　　　　　**影响碳排放的"异质性"因素**

异质因素大类	内涵异质因素	异质性因素的作用机制
发展水平	国民收入	国民收入水平越高，经济产出对环境质量的边际替代率越高，提高环境质量的意愿越强
	技术进步	技术水平越高，经济体越有能力实现节能降耗、低碳生产

异质因素大类	内涵异质因素	异质性因素的作用机制
发展水平	能源碳强度	能源碳强度越高，清洁技术越先进，发展水平越高
	能源强度	能源强度越高，生产技术越先进，发展水平越高
	城市化水平	城市化引发的上下游制造业产出越大，碳排放量也越大
	市场化水平	市场化水平越高，碳排放约束力越强
	经济增长阶段	发展中国家与发达国家的生产性与消费性碳排放的比例不同
发展结构	产业结构	工业化水平越高，化石能源消耗越多，碳排放量越大
	能源结构	能源结构中化石能源消耗量比重越高，碳排放量越大
	产品结构	重工业产品比重越高，碳排放量越大
	进出口结构	进出口贸易量和产品结构影响碳排放量
	人口规模与结构	人口规模越大、老龄化程度越高，消费性碳排放量越大
	所有制结构	国有经济比例的差异影响碳排放规制政策的实施
	要素密集程度	资本深化程度和资本－劳动比率的差异影响碳减排技术的使用

发展水平和发展结构两个维度基本涵盖了 Kaya 恒等式和 IPAT 系列模型所涉及的主要碳排放影响变量。下面，我们从以上两个维度分别讨论碳排放 EKC 检验过程中的"异质性"问题。

（1）发展水平。不同国家和地区由于历史原因造成发展速度不同，使得在经济发展轨迹上存在显著差异，体现出不同的发展水平。早在 18 世纪中叶，英国就开始了工业革命，领先世界提前进入"工业时代"。19 世纪初，第二次工业革命产生于北美，美国迅速完成了工业化进程。直到 20 世纪中叶，包括中国在内的发展中国家才逐步开始迈入工业化进程。这种不同的发展顺序使得不同组别国家在同等发展水平情况下所面临的国民收入、碳排放技术与政策环境等碳排放影响因素截然不同。以中美两国为例，中国在 2015 年人均 GDP 为 8016 美元，而美国早在 1952 年就已经达到 8585 美元[1]。显然，在相距长达 63 年的两个时间点上，无论经济背景，还是国际环境都已经发生翻天覆地的变化。

---

[1]　均以 2005 年不变汇率水平折算，数据分别来源于国家统计局和美国商务部经济分析局。

1952 年，第三次工业革命才刚刚处于萌芽状态，计算机刚刚诞生，生产技术还基本依赖第二次工业革命的主要发明创造。而现在，第四次工业革命已经渐渐拉开帷幕，互联网已经成为人类生产生活的必备技术，生产的便利性和生活的便捷性都已经出现了质的提高。不仅如此，"互联网＋""3D 打印"等为代表的新兴经济形式将逐渐引领产业发展，而这些生产方式都能显著降低能源消耗，进而降低碳排放。因此，中国和美国在同等发展水平下所面临的碳排放影响因素和机制显然不同。这种逻辑同样可以推广到其他存在显著不同发展轨迹的国家中去。

（2）发展结构。发展结构涵盖不同国家和地区的三次产业比例、工业化比重和要素密集程度等经济结构状况。一般而言，在经济发展过程中，不同国家和地区会利用本国的优势资源进行产业选择，采取"靠山吃山、靠水吃水"的发展策略，从而获取更大利益。中国的劳动力在改革开放之后逐渐成为一个主要优势，不仅带动了中国东南沿海一带加工贸易企业的发展，而且吸引了大量跨国公司来华投资办厂。这些都对经济结构产生了重要而显著的影响。在经济发展的不同阶段，不同产业、不同企业对碳排放的"贡献"水平是显著不同的。例如，现阶段，中国制造业碳排放占据经济总体碳排放 2/3 以上。同时，不同的工业内部结构也会对碳排放产生明显影响。中国 2014 年的制造业增加值比重为 36%，而有近 70 个国家和地区制造业比重很低，甚至可以忽略不计[①]。在碳排放 EKC 的研究中，如果将中国和另外一个没有制造业的国家放在一起进行检验，显然是不妥的。

由此可以看出，碳排放 EKC 研究的"异质性"问题显著存在，且已经成为一个难题。"异质性难题"的存在将直接导致碳排放 EKC 检验结果的准确性大大降低，甚至可能得出错误的结论，从而导致不当的政策建议。同时，"异质性难题"带来的内生性缺陷将影响碳排放与经济增长之间关系的预期，使预期与现实之间"背道而驰"。下面，我们将从碳排放 EKC 共同检验和独立检验的形状一致、形状不一致、形状存在性不一致等三个维度来分析"异质性难题"可能产生的影响，并提出对碳排放 EKC 进行再检验的理论假设。为方便论述，假定存在 4 个发展水平处于 4 个不同阶段的"异质性"国家，A、B、C、D。在发展

---

① 根据世界银行统计数据库，共有 212 个国家得到统计。在后续的实证检验分析中，剔除了数据整体性不完整或不具有代表性的国家或地区，共有 82 个国家成为本书的研究样本。

水平方面，A > B > C > D。

（1）形状一致。如图4－1所示，在共同检验情况下，4个国家放在一个图形中，其发展水平现值处在曲线的不同位置。不失一般性，假定曲线形状为倒U形，并且B国恰好位于拐点处，A国已经超过拐点，而C、D两国则仍处于拐点前的"第一阶段"。根据该情形，相对应的政策建议是A、B两国放松碳管制，C、D两国强化碳管制。然而，在独立检验下，A、B两国曲线具有前移可能，C、D两国具有后移可能。这是因为，共同曲线的获得受到了总体数据中和作用的影响，即有"被平均"的因素。因此，单独检验的曲线必然发生移位（事实上，后文实证分析中也验证了这一点）。我们将这种现象称为"曲线移动论"。以A和C为例，C的独立检验曲线将发生前移，拐点值将下降，发展水平现值所处的相对位置将发生变化，如果移动至拐点或拐点以后，那么说明C目前已经进入"第二阶段"。如果在"第二阶段"采用共同检验中的政策建议，即强化碳管制，那么其经济增长可能过慢，并导致碳排放的下降速率变小。类似地，A的独立检验将发生后移，拐点值将上升，发展水平现值所处的相对位置也将发生变化，如果移动至拐点或拐点之前，那么说明A目前尚处于"第一阶段"。如果在"第一阶段"采用共同检验中的政策建议，即放松碳管制，那么碳排放的上升速率加大，将增大环境的区间承受压力。同理，可以对B、D两国的情形进行分析。基于以上分析，提出发展水平与碳排放EKC变动关系的理论假设：

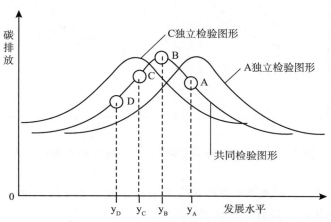

图4－1 形状一致下"异质性"导致的EKC曲线移动

假设 1：在检验结果为同形状的情境下，发展水平越高，拐点的水平值越大。

（2）形状不一致。如果共同检验与独立检验结果出现曲线形状不一致，则情况将更加复杂。不失一般性，假定共同检验曲线形状为倒 U 形，C 在独立检验中为 N 形，如图 4 - 2 所示。C 在共同检验中的政策建议为在发展水平超过拐点之后，放松碳管制，实现碳减排与经济增长的"共赢"发展。在 N 形曲线下，C 国在超过第一个拐点后，随着发展水平的提高而迎来第二个拐点。一旦发展水平超过第 2 个拐点，碳排放随着经济增长又开始持续增加。如果仍然采取放松碳管制政策，碳排放将在长时间内出现持续增加。其他国家、其他不一致情形可做同理分析。N 形曲线或者其他形状曲线的出现有两个原因：一方面，发达国家由于具备较完备的发展水平，从而产生多个拐点；另一方面，发展中国家在未来发展过程中随着经济发展出现结构性变革、技术性变革等一系列深层次原因导致出现反转的可能性。我们将这种现象称为"曲线反转论"。根据以上分析，可提出以下假设：

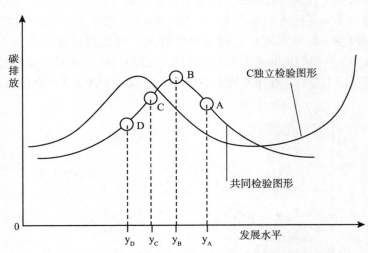

图 4 - 2　形状不一致下"异质性"导致的 EKC 曲线移动

假设 2：发展水平不高的国家未来碳排放变动与经济增长之间的关系存在更大的"反转"可能性。

（3）形状存在性不一致。如果共同检验存在，而独立检验不存在，那么政策建议没有任何指导价值，对应的经济发展与碳排放趋势也将根据方向、程度的错位程度不同而不同。发展结构不同，则又会加重两类检验下的偏离程度。假定 A、B 工业比重低，C、D 工业比重高（随着经济发展水平的提高，第三产业比重将逐渐提高，工业比重逐渐降低）。由于工业是高碳排放行业，那么 A、B 的经济发展的边际碳排放将小于 C、D。即在碳排放的提升速率方面，A、B 小于 C、D。在前述形状一致的情况下，对 C 的碳管制，将进一步限制其工业发展，经济增长速度将进一步放慢，碳排放的下降速率进一步下降。在形状不一致的情况下，第 2 个拐点之后，碳排放的增加速度也将增加。其他国家在发展结构下的偏离程度趋势可做同理分析。基于以上分析，我们提出工业化水平与碳排放 EKC 曲线关系的研究假设：

假设 3：在检验结果为同形状的情境下，工业化水平越高，拐点的水平值越大。

那么在"发展水平"和"发展结构"两个维度分组下的不同国家在理论上碳排放 EKC 形状又应有怎样的区分呢？根据以上三种维度的分析，不难发现，"发展水平"越高和"发展结构"越合理的国家拐点水平值将更大；与此同时，出现倒 U 形 EKC 的可能性较大。"发展水平"越低和"发展结构"不合理的国家和地区则将具备更小的拐点水平值，EKC 形状为倒 U 形的可能性也较小。在"发展水平"和"发展结构"配合出现悬殊情况下，即一方较高，另一方较小，拐点水平值主要取决于"发展水平"。作为碳排放 EKC 的分析维度，"发展水平"优于"发展结构"，主要是由于发展水平较高国家在早期发展阶段和发展结构部分也位于较高层次，随着发展水平的不断变动，发展结构也在变动。由此，可以提出假设 4 和假设 5：

假设 4："发展水平"越高和"发展结构"越合理的国家和地区，拐点水平值将更大。

假设 5："发展水平"比"发展结构"对拐点值起更大的决定作用。

在考虑碳排放影响因素"异质性"的前提下分析贸易水平对不同国家产生的影响，将丰富 PHH 假说的研究视角。发展水平高和发展结构合理的国家，由于其拥有更加先进的技术，因而即使出口导致其国内生产订单增多，其碳排放增量也不会太大。进口不但不会对国内生产导致的碳排放造成直接影响，而且可以通过进口降低国内高碳产品的生产，减少碳排放。所以，进出口贸易导致的碳排放在"高发展水平"国家应该较小，甚至为负，即通过国际贸易将碳排放转移出去。与此相反，低"发展水平"的国家则会拥有较高的贸易碳排放系数。高工业化水平的国家由于化石能源使用较多，存在更高的碳强度。由于出口而引致的国内生产将会消耗更多的化石能源，因而碳排放水平更高。由此，可以提出关于贸易因素与碳排放关系的研究假设：

假设6："发展水平"越高和"发展结构"越合理的国家贸易碳排放系数越小。

为验证以上研究假设，同时解决碳排放 EKC 检验中的"异质性难题"，需要对不同"发展水平"和"发展结构"的国家分开进行独立检验。在分组过程中，应摒弃主观臆断的分组，通过科学的方法对研究对象的组别效应进行识别，实现组别分类后归类的准确性。本书拟采用"人均 GDP"和"制造业增加值比重"来分别表征"发展水平"和"发展结构"，分为高、较高、低、较低4个层次，利用门限回归方法确定3门限下的门限值，进而从理论上将样本国家分为16组。在原有碳排放 EKC 检验模型的基础上，引入贸易开放因素，以考虑国别检验中不同国家之间的影响机制，在检验碳排放 EKC 的同时，验证 PHH 假说的存在性。在实证检验过程中，首先利用协整检验方法比较二次项、三次项检验方程的显著程度大小，确定检验方程的顺序和主次，从而使研究结论更加可信；其次，在分组回归分析中，进一步过滤残存的"异质性"。具体操作上，利用豪斯曼检验来确定回归的具体方法，如果样本国家和地区个体效应较强，则说明"异质性"明显，需采用固定效应模型来进行回归处理，反之则可以采用随机效应模型进行处理。如果样本组别中的国家只存在1个，则不存在"异质性"问题，可以直接采用 OLS 进行回归。在实证结果的表述中，采用图表结合、分组讨论的方式，将不同组别样本国家的碳排放趋势进行逐一详解，并对具有典型代表性的国家进行重点讨论，以说明本书研究设计下的"异质性难题"解决效果。

4.2.2 模型构建与数据来源

1. 检验模型

夏菲克和班德亚帕德耶（Shafik & Bandyopadhyay）认为，碳排放

EKC 检验模型应该先设定为三次方的形式，在三次方形式不显著的情况下，再剔除三次方项，检验二次方形式；如果二次方形式不显著，则为线性关系。在这种方法下，EKC 便不仅仅局限于 U 形或倒 U 形的曲线形状，还有可能为 N 形、反 N 形[①]、"～"形等形状。碳排放 EKC 检验的初始模型为：

$$ghg_{it} = \alpha_{it} + \beta_1 y_{it} + \beta_2 y_{it} + \beta_3 y_{it} + \varepsilon_{it} \qquad (4-3)$$

式（4-3）中，ghg_{it} 代表国家或区域 i 在时间点 t 的二氧化碳排放量，y_{it} 代表国家或区域 i 在时间点 t 的经济发展水平，ε_{it} 代表随机误差项。

贸易开放对碳排放的影响在贸易理论的研究中日渐丰富和成熟。Cole 采用包括二氧化碳在内的 10 种环境污染物，检验了 EKC 曲线的存在性，发现贸易开放减少了环境污染，即贸易开放是有利于环境改善的。然而，之后的大量文献研究却表明，贸易开放增加了二氧化碳排放。由此可见，贸易开放应成为研究二氧化碳排放的一个重要变量。另外，技术进步对碳排放的影响因素同样不可忽视，已经在诸多文献中得到验证（林伯强，刘希颖，2010；鲁万波等，2013；申萌等，2012）。本书采取制造业增加值占 GDP 的比重来代表发展结构，用进出口贸易额占 GDP 的比重来代表贸易开放指标。通过对指标进行对数化处理，可将碳排放 EKC 检验模型设定为：

$$lnghg_{it} = \alpha_{it} + \beta_1 lny_{it} + \beta_2 (lny_{it})^2 + \beta_3 (lny_{it})^3$$
$$+ \beta_4 lnm_{it} + \beta_5 lno_{it} + \beta_6 lns_{it} + {}_i \varepsilon_{it} \qquad (4-4)$$

式（4-4）中，m_{it} 代表制造业增加值占 GDP 的比重，o_{it} 代表进出口贸易额占 GDP 的比重，s_{it} 代表技术进步。

2. 分组模型

门限回归是针对经济理论假说的实证检验过程中出现的如何确定临界值这一问题而产生的一种分析方法。其基本思想是：经济系统内部存在一个临界点，该临界点会导致结构变化，即结构变化内生于经济系统内部。我们以固定效应的面板回归模型为例，说明门限回归的基本操作步骤。门限回归的基本模型为：

---

① 也有部分学者将该形状称为倒 N 形。本书认为，这与倒 U 形与 U 形的关系并不匹配，命名为反 N 形更加准确。

$$\begin{cases} y_{it} = \mu_i + \beta_1' x_{it} + \varepsilon_{it}, & q_{it} \leqslant \gamma \\ y_{it} = \mu_i + \beta_2' x_{it} + \varepsilon_{it}, & q_{it} > \gamma \end{cases} \qquad (4-5)$$

式（4-5）中，q_{it} 为门限变量，γ 为门限值，扰动项 ε_{it} 为独立同分布。以上模型可进一步简化为：

$$y_{it} = \mu_i + \beta_1' x_{it} \cdot 1(q_{it} \leqslant \gamma) + \beta_2' x_{it} \cdot 1(q_{it} > \gamma) + \varepsilon_{it} \qquad (4-6)$$

矩阵形式为：

$$y_{it} = \mu_i + \beta' X_{it}(\gamma) + \varepsilon_{it} \qquad (4-7)$$

其中，$\beta' = \begin{bmatrix} \beta_1 \\ \beta_2 \end{bmatrix}$，$X_{it}(\gamma) = \begin{bmatrix} x_{it} \cdot 1(q_{it} \leqslant \gamma) \\ x_{it} \cdot 1(q_{it} > \gamma) \end{bmatrix}$

通过均值化处理，消除个体效应后，模型就变为：

$$y_{it}' = \beta' X_{it}^*(\gamma) + \varepsilon_{it}^* \qquad (4-8)$$

此时，可以采用两步法进行估计：第一步，将 γ 取值作为给定值，利用 OLS 进行一致估计，得到估计系数 $\hat{\beta}(\gamma)$ 以及残差平方和 $SSR(\gamma)$；第二步，对于 $\gamma \in \{q_{it} : 1 \leqslant i \leqslant n, 1 \leqslant t \leqslant T\}$，通过求 $SSR(\gamma)$ 的最小值而确定 γ 的取值。接下去便可以进行是否存在"门限效应"的假设检验，原假设为：$H_0 : \beta_1 = \beta_2$。若此原假设成立，则不存在门限效应，模型就可简化为：

$$y_{it} = \mu_i + \beta_1' x_{it} + \varepsilon_{it} \qquad (4-9)$$

在原假设下，门限值并不确定，可以利用自助法来得到临界值。若原假设被拒绝，则门限效应可以认为存在，在此种情况下，应进一步确定门限。汉森（Hansen）提出 LR 统计量来计算 γ 的置信区间，统计量为：$LR(\gamma) = [SSR(\gamma) - SSR(\hat{\gamma})] / \hat{\sigma}^2$。多门限值的计算可以采用类似的方法和步骤进行。

3. 指标选取、数据来源与处理

碳排放变量指标选取为二氧化碳排放量，计量单位为千吨。这主要是由于该指标具备总体代表性和时间可比性。一是总体代表性。即该指标应该能够表明所选国家和地区碳排放角度的环境质量总体水平。显然，采用人均二氧化碳排放量并不妥当，因为它是一个人均概念，并不是整体性指标。二是时间可比性。即该指标不应随时间的变化而令其数值的实际意义发生变化。例如，如果中国在 1981 年和 2001 年人均二氧化碳排放量相等，根据环境质量指标的含义，说明 1981 年和 2001 年的环境质量是一样的。但是，显然二氧化碳排放在增加，环境质量是下降的。二者的很大一部分是由于人口数量的增加而稀释了同样在增加的二氧化碳排放量。在现有研究中，较多采用碳排放强度、人均碳排放等指标，这些指标违背了 EKC 检验的初衷思想，即环境污染的总量变化。以碳排放强度为例，两个时间节点碳强度数值一样，但可能在碳排放总量上存在显著差别，因为 GDP 可能发生显著变化。而如果这两个相同数值说明这两个时间节点的碳排放水平一样，显然是不合适的。综上所述，不应该采用均值或强度值，而应该采用总量，即二氧化碳排放量的绝对水平。

选取人均 GDP 作为发展水平的代理变量，计量单位为 2005 年不变价格的美元。选取制造业增加值占 GDP 的比重（m）作为工业化程度大小变量，进出口贸易额占 GDP 比重（o）作为贸易开放程度变量，比重的计量单位均为%。由于技术进步内涵广泛，相关代理变量较多，本书综合林伯强和刘希颖（2010）和鲁万波等（2013）的研究结论，采用能源强度作为技术进步的代理变量。能源强度为单位能源 GDP，数值越高，表明生产技术水平越高。时间段为 1981～2011 年。ghg 数据来源于美国田纳西州橡树岭国家实验室环境科学部二氧化碳信息分析中心（Carbon Dioxide Information Analysis Center，CDIAC）。除美国 m 指标外，m、o、y 均来源于世界银行统计数据库。世界银行统计数据库所显示的美国 m 指标缺失年份较多，且其数值与美国商务经济分析局（U. S. Department of Commerce Bureau of Economic Analysis，BEA）所提供的数据不完全一致，故本书均采用美国商务部经济分析局提供的数据。根据三个数据库的数据信息，共有 212 个国家和地区得到统计，为保证后续检验的准确性，将数据值缺失年份在 2 年以上的样本删除，最后得到 82 个国家 1981～2011 年的面板数据集合。2 年以内的缺失值采用线性插值法或就近法进行估计。实证检验软件为 Stata 12. 0。

4. 2. 3　实证检验与结果分析

1. 单位根检验

单位根检验，即平稳性检验，是协整检验和回归分析的基础。在面板单位根检验方法中，IPS 检验克服了 LLC 检验、HT 检验与 Breitung 检验等的共同根假设的缺陷，能较好地利用面板数据的多层次信息。本书采用 IPS 检验，检验结果见表 4-2。表 4-2 中的结果表明，变量均存在单位根，而且在一阶差分时平稳，序列为一阶单整的（Ⅰ(1)）。根据协整检验要求，考察变量具备进行协整检验的条件。

表 4-2　　　　　　　　　　　　　　单位根检验结果

变量	原序列	一阶差分序列
lnghg	2.6868(0.9964)	-29.2847(0.0000)
lny	9.7621(1.0000)	-21.2326(0.0000)
(lny)^2	10.9898(1.0000)	-21.1307(0.0000)
(lny)^3	12.1096(1.0000)	-20.9728(0.0000)
lnm	-0.3969(0.3457)	-28.3959(0.0000)
lno	-1.6624(0.0482)	-27.1335(0.0000)

注：原序列与一阶差分序列显示的是 Z 统计量值（括号内为 p 值）。

2. 协整检验

借鉴韦斯特隆德（Westerlund，2007）的方法，对变量的长期均衡关系进行实证检验，即协整检验。韦斯特隆德（2007）构造了四个统计量：Gt、Ga、Pt、Pa。其中前两者为组统计量，后两者为面板统计量。组统计量表示在面板"异质性"条件成立下存在协整关系（原假设为：至少一个个体不存在协整关系）；面板统计量则表示考虑面板同质性的条件下检验是否存在协整关系（原假设为：所有个体均不存在协整关系）。在若干情况下，存在出现两个组统计量中有一个不能拒绝原假设的可能，对此韦斯特隆德认为也在合理范围内。协整检验的结果如表 4-3 和表 4-4 所示。协整检验发现，与三次项的协整检验结果只有 Gt 和 Pt 拒绝了原假设，而与二次项的回归结果则表明全部检验均拒绝了原假设。这表明，碳排放与人均 GDP 的关系方面，采用二次项形式会更加具备长期均衡检验的条件。所以，在后续检验中，以二次项的检验为主，以三次项检验为补充，确保碳排放 EKC 研究的完整性和主次分明。

表 4 – 3　　　　lnghg 与 lny、(lny)^2、(lny)^3 的协整检验结果

统计量	水平值	Z 值	p 值
Gt	− 2.0781	− 3.2572	0.0011
Ga	− 7.0184	1.1490	0.8751
Pt	− 14.7423	− 2.1501	0.0162
Pa	− 4.9271	− 0.9422	0.1731

表 4 – 4　　　　lnghg 与 lny、(lny)^2 的协整检验结果

统计量	水平值	Z 值	p 值
Gt	− 2.0000	− 5.3401	0.0000
Ga	− 7.5160	− 2.7850	0.0030
Pt	− 13.7821	− 3.9872	0.0000
Pa	− 4.6512	− 3.9761	0.0000

3. 门限回归结果

根据前文给出的门限回归方法步骤，对分组变量人均 GDP 以及制造业增加值比重是否存在门限值以及如果存在具体是多少进行检验计算。检验得到的具体结果如表 4 – 5 所示。

表 4 – 5　　　　人均收入与制造业增加值比重门限回归分组情况

变量	门限数	F 值（P 值）	门限值	95%置信区间
lny	1	334.3557 (0.0000)	9.4181	[9.3993, 9.4181]
	2	35.6560 (0.0000)	6.3217；9.4181	[6.3032, 6.3319]；[9.3993, 9.4181]
	3	44.4924 (0.0000)	5.7696；9.4181；6.3139	[5.7454, 5.8878]；[6.3032, 6.3319]；[9.3993, 9.4181]

变量	门限数	F值（P值）	门限值	95%置信区间
lnm	1	107. 8622 (0. 0000)	2. 6391	[2. 6391，2. 6391]
	2	105. 7233 (0. 0000)	2. 6391；3. 6376	[2. 6391，2. 6391]；[3. 6376，3. 6376]
	3	52. 8502 (0. 0000)	2. 6391；3. 5825；3. 6376	[2. 6391，2. 6391]；[3. 5553，3. 5825]；[3. 6376，3. 6376]

人均 GDP 的分组情况显示：在一门限假设、二门限假设、三门限假设下，均通过了显著性检验。其中，在三门限假设检验情况下，对数化的人均 GDP 门限值为 5. 7696、6. 3139、9. 4181，相应的人均 GDP 的数值为 320、552、12309，根据该门限值，可以将考察国家划分为高发展水平国家（y > 12309）、较高发展水平国家（552 < y≤12309）、较低发展水平国家（320 < y≤552）、低发展水平国家（y≤320）。

制造业增加值比重的分组情况显示：在一门限假设、二门限假设、三门限假设下，均通过了显著性检验。其中，在三门限假设检验情况下，对数化的制造业增加值比重门限值为 2. 6391、3. 5825、3. 6376，相应的制造业增加值比重的数值为 14、36、38，根据该门限值，可以将考察国家划分为高工业化国家（y > 38）、较高工业化国家（36 < y≤38）、较低工业化国家（14 < y≤36）、低工业化国家（y≤14）。

4. 门限分组结果

根据门限值进行分组，需要考虑到面板数据中 31 年时间跨度所导致的"组别跳跃"问题。本书采用 31 年指标均值和最大比例状态两种方法对"组别跳跃"问题进行处理，最大限度地让国家与所属组别实现最佳匹配。例如，中国在 1981～1984 年属于"低发展水平"国家，1986～1991 年属于"较低"发展水平国家，而自 1992 年后进入"较高发展水平"国家行列。1981～2011 年人均 GDP 为 1102. 397，属于"较高发展水平组别"。从状态年份数来看，中国"较高发展水平"年份数共计 20 个（1992～2011），占时间序列总数的 65%，为最大比例状态。根据期间人均 GDP 和最大比例状态都可以认定中国为"较高"发展水平。其他存在该类问题的国家采用同样流程处理。对于两种方法结论出现不一致的情形，以最大比例状态数为最优原则。对于落入置信区间的数值，采用"靠近法"，即以更加靠近的区间上限或下限所属组别来作为考察国家的组别分类。根据上文提出的两类分组标准，理论上可以将分析对象分成16组。然而，通过实际划分发现，82个国家实际仅可以分成9组。"高发展水平、高工业化"等7组没有涵盖任何国家。所以，理论上的16组并没有达到完全划分，如表4-6所示。

表4-6   门限回归分组下的分组结果

发展水平＼工业化	高	较高	较低	低
高	无	无	美国、韩国、法国、日本、奥地利、新加坡、新西兰、瑞典、芬兰、荷兰（组1）	塞浦路斯、挪威、沙特阿拉伯（组2）
较高	中国（组3）	无	巴西、南非、乌拉圭、印度尼西亚、厄瓜多尔、哥伦比亚、哥斯达黎加、喀麦隆、土耳其、塞内加尔、墨西哥、多米尼加、委内瑞拉、巴基斯坦、摩洛哥、斯威士兰、智利、毛里求斯、泰国、津巴布韦、洪都拉斯、玻利维亚、突尼斯、约旦、菲律宾、赞比亚、埃及、阿根廷、马来西亚（组4）	不丹、伊朗、伯利兹、刚果（布）、古巴、圣卢西亚、圣基茨和尼维斯、圣文森特和格林纳丁斯、圭亚那、基里巴斯、塞舌尔、多米尼克、安提瓜和巴布达、尼日利亚、巴拿马、斐济、格林纳达、汤加、瓦努阿图、科摩罗、苏丹、阿曼（组5）
较低	无	无	印度、孟加拉国（组6）	中非、乍得、刚果（金）、加纳、塞拉利昂、多哥、布基纳法索、肯尼亚、贝宁（组7）
低	无	无	马拉维（组8）	乌干达、卢旺达、尼日尔、尼泊尔、布隆迪（组9）

值得注意的是，中国和马拉维是9组中独占一组的国家，分别为组3和组8。中国处于"较高发展水平、高工业化"组别，其中人均GDP均值为1102.39美元，制造业增加值比重均值达到39.55%。这说明，1981年以来，中国经济发展长期处于依赖制造业的状态，从而也使得经济发展水平实现较快增长。另外，中国也是所有国家中工业化水平最

高的，而且是高工业化和较高工业化两个阶段中唯一的一个发展中国家。

5. 碳排放 EKC 检验的分组讨论

根据前文的分组对各组分别进行碳排放 EKC 检验。通过豪斯曼检验进行判断，组 1 利用随机效应回归模型，组 2、组 4、组 5、组 6、组 7、组 9 利用固定效应回归模型。组 3 仅包括中国，组 8 仅包括马拉维，所以这两组采用 OLS 进行回归，结果如表 4−7 和图 4−3 所示。从图 4−3 可以看出，碳排放 EKC 检验中倒 U 形曲线共有三组，即组 1、组 2 和组 6，其他均为 U 形。由于不同组别的拐点值和方程显著性强度存在显著差异，所以分别对各组进行讨论。

分析表 4−7 和图 4−3 的检验结果，可以得到 9 个组别的 EKC 特征和碳排放趋势：

（1）"高发展水平、较低工业化"国家（组 1）。该组共包括美国、韩国、法国、日本等 10 个国家。人均 GDP、二氧化碳排放量、进出口贸易额占 GDP 比重、制造业增加值占 GDP 比重平均值分别为 29121.35、740385.41、89.95、20.65，拐点值为 174919.81。该组的碳排放 EKC 检验显著表现为倒 U 形曲线，从 2014 年的数值来看，人均 GDP 最低国家为韩国，为 24565.60；最高为美国，为 46405.20。显然均未超过拐点，该组国家未来碳排放趋势是随经济发展逐渐上升的，而且拐点值很大，距离反转仍然存在很长时间。

（2）"高发展水平、低工业化"国家（组 2）。该组共包括塞浦路斯、挪威、沙特阿拉伯 3 个国家。人均 GDP、二氧化碳排放量、进出口贸易额占 GDP 比重、制造业增加值占 GDP 比重平均值分别为 29094.46、111436.90、86.71、10.56，拐点值为 429562.26。该组的碳排放 EKC 检验依然显著表现为倒 U 形曲线，从 2014 年的数值来看，人均 GDP 最高国家为挪威，为 67228.40。显然，目前没有超过拐点，即所有国家均没有超过拐点。即，该组国家的未来碳排放趋势是随经济发展先增长后下降的过程。

组 1 和组 2 的拐点水平值较大，本书认为，发达国家的碳减排内生性希望较小，但仍然不排除这种可能。通过经济发展而进入碳排放下降的路径实现概率很小，发达国家的碳减排顺利进行，应该主动配合

表4－7　碳排放EKC分组检验结果

回归方法	组1 RE	组2 FE	组3 OLS	组4 FE	组5 FE	组6 FE	组7 FE	组8 OLS	组9 FE
常数项	-17.240*** (2.426)	-32.954** (13.033)	18.115*** (0.878)	0.217 (1.181)	2.850 (3.577)	-0.640 (3.934)	46.285*** (12.309)	123.152* (71.197)	3.438 (23.880)
lny	5.008*** (0.5084)	6.908*** (2.536)	-1.776*** (0.189)	0.794*** (0.304)	-0.388 (0.879)	2.777** (1.227)	-12.567*** (4.118)	-44.554 (26.103)	-0.950 (8.590)
(lny)²	-0.207*** (0.027)	-0.266** (0.122)	0.163*** (0.013)	0.0275 (0.020)	0.106* (0.0545)	-0.107* (0.094)	1.021*** (0.347)	4.217* (2.413)	0.238 (0.762)
lnm	-0.061 (0.050)	0.603*** (0.193)	-0.217 (0.171)	0.112*** (0.030)	0.383*** (0.050)	0.242** (0.107)	0.120 (0.077)	-0.565*** (0.183)	0.107 (0.135)
lno	-0.137*** (0.044)	-0.091 (0.242)	0.182*** (0.041)	0.365*** (0.029)	0.291*** (0.062)	0.051 (0.071)	0.148*** (0.057)	0.628*** (0.166)	0.560*** (0.129)
lns	0.800*** (2.426)	0.058 (0.229)	1.383*** (0.142)	0.755*** (0.038)	0.367*** (0.072)	1.677*** (0.108)	1.173*** (0.086)		0.486*** (0.099)
R²	0.84	0.44	0.99		0.55	0.99	0.72	0.80	0.98
Hausman检验	9.86 (0.0792)	80.44 (0.0000)		22.27 (0.0001)	15.30 (0.0181)	54.69 (0.0000)	132.55 (0.0000)		26.82 (0.0000)

续表

回归方法	组1	组2	组3	组4	组5	组6	组7	组8	组9
	RE	FE	OLS	FE	FE	FE	FE	OLS	FE
F值(P值)	1480.51 (0.0000)	13.40 (0.0000)	1603.56 (0.0000)	857.60 (0.0000)	69.77 (0.0000)	1441.90 (0.0000)	75.30 (0.0000)	73.43 (0.0000)	294.23 (0.0000)
拐点(lny)	12.07	12.97	5.43	−21.42	1.84	8.27	6.15	5.28	2.00
拐点(y)	174919.81	429562.26	228.83	0.00	6.27	3904.18	468.06	196.93	7.37
形状	倒U	倒U	U	U	U	倒U	U	U	U
观测值数	310	93	31	827	682	62	279	31	155

注：(1) *、**、***分别代表变量回归系数在10%、5%、1%水平下通过显著性检验，变量括号内为标准误，其他括号内为 p 值。随机效应的检验不为 F 检验，为 Wald Chi2（4）检验。

(2) 表中马拉维一组缺失技术数据，但后文中对比发展水平低国家回归结果，发现技术的加入并没有显著改变形状及拐点水平值，所以缺失技术水平下的回归同样可以参与比较分析。

72

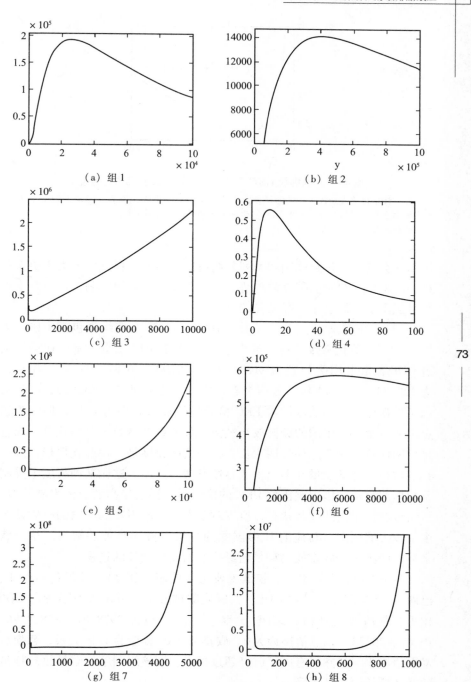

（a）组 1

（b）组 2

（c）组 3

（d）组 4

（e）组 5

（f）组 6

（g）组 7

（h）组 8

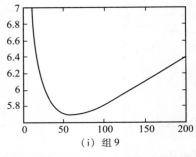

(i) 组 9

图 4 – 3　碳排放 EKC 分组检验图形（二次项方程检验）

注：横轴代表人均收入，纵轴代表碳排放水平的某一量级，为了直观表达 EKC 的形状，本书根据拐点水平值对（c）和（d）的坐标轴区间进行了适当调整。

资料来源：笔者绘制。

国际社会的碳减排路线图和系列公约协定。另外，拐点值的大小更多的是去反映所属组别的碳排放趋势，水平值不存在区间限制，任何数值都是可能出现，而且是可以接受的。

（3）"较高水平、高工业化"国家（组 3）。该组仅包括中国。人均 GDP、二氧化碳排放量、进出口贸易额占 GDP 比重、制造业增加值占 GDP 比重平均值分别为 1102. 30、3855200、36. 87、39. 55，拐点值为 228. 83。从 2014 年的数值来看，中国人均 GDP 为 3862. 90，已经远远超过拐点。中国的碳排放 EKC 检验虽然显著表现为 U 形，但因为拐点水平值很小，中国的碳排放与经济增长关系基本处于单增状态，而且将长期保持。对于这种长期增长，在现实中无疑是一种悲观情形，因为经济增长与环境质量并不产生兼容性发展。然而，这在某种程度上受制于数据的容量。由于碳排放 EKC 的检验需要涵盖较高的经济发展阶段，从而包含较全面的经济状态，所以对于发展阶段不高的国家的检验便产生了较大的制约。其他的 U 形国家同样可以做出类似的解释。从形状来看，中国未来碳排放趋势是随经济增长逐渐增长的过程。

（4）"较高发展水平、较低工业化"国家（组 4）。该组包括南非、巴西等 29 个国家。人均 GDP、二氧化碳排放量、进出口贸易额占 GDP 比重、制造业增加值占 GDP 比重平均值分别为 2978. 61、87828. 96、79. 87、20. 32，拐点值接近为 0。碳排放 EKC 检验为 U 形关系，且拐点水平值极小，显然所有国家已经超过拐点。即该组国家的碳排放趋势是随经济增长而逐渐下降的。

通过对比组3、组4、组5的检验结果，容易发现，在U形的组别中，组3拐点水平值显著大于组4和组5，这验证了研究假设3。

（6）"较低发展水平、较低工业化"国家（组6）。该组包括印度和孟加拉国两个国家。人均GDP、二氧化碳排放量、进出口贸易额占GDP比重、制造业增加值占GDP比重平均值分别为475.27、531440.50、26.31、15.24。拐点值为3904.18，2014年两国人均GDP分别为1233.9、747.4，显然均未超过拐点。碳排放EKC检验呈现显著的倒U形，碳排放仍将呈现随经济增长先上升后下降的过程。

比较组6与组1、组2的检验结果，可以发现，组1、组2的拐点水平值显著大于组6，且三者均为倒U形。这说明，在检验结果为同样形状的情景下，发展水平越高，拐点水平值越大，从而进一步验证了假设1。同时，比较组6和组1的检验结果，二者均为同一"发展结构"，但是由于组1发展水平高于组6，组1拐点水平值显著大于组6。这说明，"发展水平"比"发展结构"对拐点值起到更大的决定作用，从而验证了假设5。

（7）"较低发展水平、低工业化"国家（组7）。该组包括中非、乍得等9个国家，均为非洲国家。人均GDP、二氧化碳排放量、进出口贸易额占GDP比重、制造业增加值占GDP比重平均值分别为420.80、2370.51、55.03、10.06。拐点值为468.06，2014年9国人均GDP最低的两个国家为多哥、刚果（金）和中非共和国，分别为429.8、283.5和226.4。根据2014年增长率预测，多哥2016年人均GDP为455.50，已超过拐点，而其他两国均未超过拐点。值得注意的是，中非在近年来的人均GDP呈现持续下降状态。碳排放EKC检验呈现显著的U形，表明中非的碳排放从上升进入随经济增长逐渐下降阶段，刚果（金）处于下降阶段，其他国家均为随经济增长而碳排放逐渐增加。

（8）"低发展水平、较低工业化"国家（组8）。该组仅包括马拉维1个国家。人均GDP、二氧化碳排放量、进出口贸易额占GDP比重、制造业增加值占GDP比重平均值分别为216.01、791.55、62.52、14.03。拐点值为196.93。2014年马拉维人均GDP为274.3，表明已超过拐点。碳排放EKC的检验呈现弱显著的U形，解释意义不大。从图形看，马拉维未来碳排放随经济增长逐渐增加。

（9）"低发展水平、低工业化"国家（组9）。该组包括乌干达、卢旺达等5个国家。人均GDP、二氧化碳排放量、进出口贸易额占GDP

比重、制造业增加值占 GDP 比重平均值分别为 250. 92、1062. 22、38. 61、8. 34。拐点值为 7. 37，2014 年人均 GDP 最低为布隆迪，为 152. 7，表明所有国家均已超过拐点。碳排放 EKC 检验呈现较为显著的 U 形，说明目前处于碳排放随着经济增长不断增加的阶段，且将长期保持这一状态。

比较组 7、组 9 的检验结果，可以发现组 7 和组 9 为同一工业化水平，但是由于组 7 发展水平高于组 9，组 7 拐点值大于组 9，这进一步验证了研究假设 1。比较组 8 和组 9 的检验结果，可以发现组 8 和组 9 在同一发展水平下，高工业化的组 8 比组 9 拐点值更大，这说明研究假设 3 在发展中国家是成立的。

6. 碳排放 EKC 的异化检验

前文的协整检验结果显示，三次项的检验方程虽然通过了协整检验，但是没有二次项的检验方程稳健。为保证研究的完整性，进一步加入三次项进行检验，检验碳排放 EKC 的异化可能与范围。加入三次项的再检验结果如表 4 - 8 和图 4 - 4 所示。

从表 4 - 8 和图 4 - 4 可以看出，组 1、组 2、组 4 和组 9 呈现反 N 形。反 N 形曲线意味着，在经济发展的较低阶段，碳排放随经济增长逐步下降，到达一定阶段后开始逐步上升，再到达一定阶段便开始出现长期的下降。从某种意义上讲，反 N 形也符合碳排放 EKC 本身存在的作用机理。因为，EKC 的关键在于，未来某一个节点是环境质量继续恶化与开始改善的分水岭，即长期经济发展的方向应该是使碳排放逐渐下降的。组 1 和组 2 虽然也为反 N 形，但由于其反转拐点值小于初始检验模型中的拐点水平值，所以只能看作初始检验的前阶段丰富，并不构成反转。组 4 所有国家均已超过第一个拐点但是均未超过第二个拐点，而且第二个拐点超出该组国家发展水平较多，反转时间仍然较长。组 9 所有国家均已超过第一个拐点，而根据 2014 年最新值，卢旺达人均 GDP 最高，为 426. 4，仍然没有超过。但由于反转值较小，所以反转时间较短，通过几年的经济发展，出现反转的概率很大。其他组别国家均呈现单调增加的曲线形状，不存在拐点。因此，组 4、组 9 出现异化可能性，形状为反 N 形。由此可见，发展水平的相对较低的组 5 和组 9 更有可能出现"反转"，从而验证了假设 2。

表4-8

加入三次项的再检验结果

回归方法	组1 RE	组2 FE	组3 FE	组4 FE	组5 FE	组6 FE	组7 FE	组8 OLS	组9 FE
常数项	254.635*** (24.914)	595.868 (385.626)	8.760 (9.751)	22.145*** (7.732)	-1.385 (17.174)	-124.990** (50.555)	-401.366** (194.151)	-2855.182 (4173.955)	281.665 (389.874)
$\ln y$	-80.088*** (7.782)	-178.574 (113.711)	2.147 (4.077)	-8.073*** (3.105)	1.258 (6.591)	61.642** (23.894)	216.189** (99.103)	1610.785 (2319.663)	-150.891 (209.888)
$(\ln y)^2$	8.629*** (0.807)	17.871 (11.117)	-0.418 (0.604)	1.214*** (0.414)	-0.105 (0.837)	-9.432** (3.757)	-37.879** (16.842)	-302.411 (429.664)	27.157 (37.658)
$(\ln y)^3$	-0.305*** (0.028)	-0.589 (0.361)	0.029 (0.030)	-0.052*** (0.018)	0.009 (0.035)	0.485** (0.197)	2.201** (0.953)	18.928 (26.522)	-1.610 (2.251)
$\ln m$	-0.151*** (0.043)	0.754*** (0.213)	-0.021 (0.266)	0.100*** (0.031)	0.383*** (0.051)	0.208** (0.103)	0.128* (0.076)	-0.528** (0.192)	0.108 (0.136)
$\ln o$	-0.082** (0.038)	0.021 (0.250)	0.195*** (0.043)	0.350*** (0.030)	0.293*** (0.063)	0.076 (0.069)	0.177*** (0.058)	0.691*** (0.190)	0.536*** (0.135)
$\ln s$	0.904*** (0.027)	0.142 (0.233)	1.225*** (0.218)	0.760*** (0.038)	0.370*** (0.074)	1.524*** (0.121)	1.078*** (0.094)		0.494*** (0.100)
R^2	0.89	0.46	0.99	0.84	0.55	0.99	0.73	0.8074	0.98

续表

回归方法	组1	组2	组3	组4	组5	组6	组7	组8	组9
	RE	FE	FE	FE	FE	FE	FE	OLS	FE
Hausman 检验	12.32 (0.0551)	79.32 (0.0000)		27.20 (0.0001)	16.34 (0.0120)	53.50 (0.0000)	18.69 (0.0003)		26.18 (0.0000)
F值 (P值)	2221.87 (0.0000)	11.83 (0.0000)	1332.60 (0.0000)	722.20 (0.0000)	57.97 (0.0000)	1313.67 (0.0000)	65.53 (0.0000)	20.95 (0.0000)	241.95 (0.0000)
拐点 (lny)	8.21 10.68	8.99 11.24	无	4.84 10.61	无	无	5.32 6.17	无	5.01 6.24
拐点 (y)	3677.33 43267.23	8035.27 76361.33	无	126.80 40345.94	无	无	204.69 480.45	无	149.19 514.66
形状	反 N	反 N	单增	反 N	单增	单增	N	单增	反 N
观测值数	310	93	31	827	682	62	279	31	155

注：（1）*、**、***分别代表变量回归系数在10%、5%、1%水平下通过显著性检验，变量括号内为标准误，其他括号内为 p 值。随机效应的检验不为 F 检验，为 Wald Chi2(4) 检验。

（2）表中马拉维一组缺失技术数据，但后文中对比发展水平低国家回归结果，发现技术的加入并没有显著改变形状及拐点水平值，所以缺失技术水平下的回归同样可以参与比较分析。

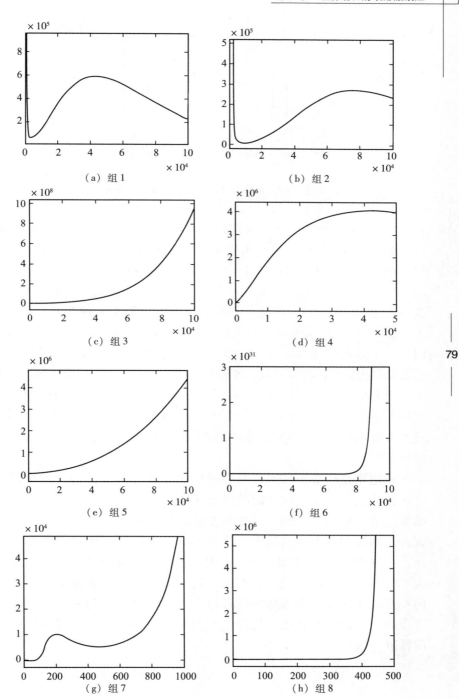

(a) 组 1

(b) 组 2

(c) 组 3

(d) 组 4

(e) 组 5

(f) 组 6

(g) 组 7

(h) 组 8

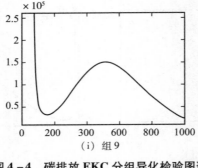

(i) 组 9

图 4 - 4　碳排放 EKC 分组异化检验图形

　　另外一种形状为 N 形。N 形曲线意味着，在未来的某一时间节点，碳排放与经济增长的关系会出现再次共同增加的局面。这说明碳排放 EKC 的不可延续性，即经济体的发展并非等到倒 U 形反转之后就可以"高枕无忧"。恰恰相反，如果继续按照已有模式和路径发展，未来低碳经济的可持续性难以保持。如图 4 - 4 所示，组 7 呈现 N 形，而第二个拐点水平值与主检验水平接近，所以更多的是在前期的异化，即人均 GDP 介于 204.69 与 480.45 之间时，碳排放呈现下降趋势。综合比较主检验和异化检验，可以发现，发展水平越高，拐点水平值相对越高，而工业化则在不同的发展阶段呈现不同的表现，比如在低发展水平和较低发展水平中，工业化越高，拐点值越高，而在高发展水平则相反，说明发展结构在不同的发展阶段需要不同的发展水平来进行匹配，这验证了研究假设 4。

　　异化检验是基于二次方程检验的一个补充检验。异化的标准是二次检验的结果在三次检验的情况下出现合理延伸，并且三次检验结果显著。以组 1 为例，二次项方程的检验结果为倒 U 形，结果显著；三次项方程的检验结果为反 N 形，结果同样显著。与倒 U 形相比，反 N 形在前期增加了拐点，但并没有改变碳排放随经济增长在未来长期逐渐下降的趋势，所以，这一"异化"是前期碳排放趋势的补充说明。而前期增加的拐点却为近期碳排放趋势分析提供了重要参照，这说明对异化可能性进行分析是有价值的。其他组别可以同样进行解释。

4.2.4　贸易开放和工业化程度分析

1. "异质性难题"化解下的 PHH 假说检验

格罗斯曼和克鲁格（Grossman & Krueger）认为，贸易开放扩大了经济规模，将会直接推动环境污染的增加。但是，在长期经济增长中，贸易开放将逐渐由消极效应转化为积极效应，这主要是得益于结构效应和技术效应。持有同样观点的学者还有洛佩兹、安特魏勒等（López、Antweiler et al.）。而另外一种观点则是贸易开放将长期导致环境污染的恶化，这主要出现在发展中国家身上。这一观点就是 PHH 假说。PHH 假说认为，发达国家在国际贸易中转移了污染较大的产业，而发展中国家则成为"污染避难所"，在经济增长的同时环境出现持续恶化。

在本书的实证检验中，由表 4 - 7 可以发现，除组 2 和组 6 外，其余组别的贸易水平均对碳排放呈现显著影响。其中，除组 1 为负向影响之外，其余组别均为正向影响。值得注意的是，发达国家的贸易碳排放系数是最小的一组，且为负值，而最不发达国家则拥有较高的系数。其中，组 8 系数值最高。这从某种程度上验证了 PHH 假说的存在性。比较不同组别的贸易碳排放系数，可以发现组 4 的系数大于组 5，组 8 系数大于组 9；在同一"发展结构"中的贸易系数，组 9 > 组 7，组 9 > 组 5，组 8 > 组 4，这验证了研究假设 6。根据表 4 - 8，在通过显著性检验系数中，组 3、组 4、组 5、组 8、组 9 是系数最高的 5 组，均为发展中国家，这在某种程度上同样可以说明 PHH 假说的存在性。比较以上各组的贸易碳排放系数后可以进一步验证研究假设 6。在表 4 - 7 和表 4 - 8 中，中国的贸易额占 GDP 比重回归系数均为 0.20，表明每当贸易额占 GDP 的比重增加 1%，碳排放将增加 0.20%。而以美国为代表的发达国家贸易系数为 - 0.14，表明贸易额占 GDP 比重增加 1%，碳排放下降 0.14%，这显然说明，包括中国在内的发展中国家在经济发展过程中承接了来自发达国家的碳排放，即碳排放通过国际贸易实现了转移。闫云凤等研究发现，中国对外贸易隐含碳净出口占中国碳排放的 11.7% ~ 19.93%，即有 11.7% ~ 19.93% 的碳排放是由国外消费者引起的。樊纲等研究发现的比例更高，消费引致碳排放区间达到 14% ~ 33%。根据本书研究,"相对较高工业化"的发达国家贸易额占 GDP 比重系数较小,而"低工业化"的发达国家系数甚至为负值,即贸易的开展降低了本国的碳排放水平或者保持在较低的增长速率水平。这意味着贸易对发达国家的碳排放增长没有显著影响,外贸的碳排放成本降低。这一事实说明了目前国际碳排放核算体系的不公,应逐渐调整为"谁消费、谁承担"的以消费者原则为核算准则的新型碳排放核算体系。

2. 碳转移与新型国际碳排放核算体系

所谓"谁消费、谁承担"是指以产品的消费地作为产品消耗碳排放的实际责任方,与目前的"谁生产、谁承担"的责任划分迥然不同。在目前的核算体系下,发达国家在广设跨国公司、赚取巨额外汇收入的同时,将本应承担的碳排放责任转移给发展中国家。这在碳管制日益严格的国际背景下,发展中国家的发展将受到很大的限制。王文举和李峰研究发现,既有的国际碳排放核算标准造成了发达国家对发展中国家较高的碳排放相对剥夺系数;只有在碳排放核算中关注国际贸易中的隐含碳,才能更好地体现"共同但有区别的责任"原则。

新的碳排放核算原则的目标导向应该是促进经济体采用低碳生产技术,促进碳排放的下降,即在兼顾公平的同时,获得碳减排的效率。2009 年 6 月,美国众议院通过《美国清洁能源安全法案》。依据该法案,美国将从 2020 年起对未实施碳减排限额国家的产品征收惩罚性关税,即碳关税。这一法令看似是为全球低碳发展服务,实则是令本就扭曲的碳排放核算体系"雪上加霜"。根据本书研究成果,以美国为代表的发达国家在国际贸易中的碳排放系数远远小于发展中国家,即其通过进口转移了本该由国内承担的碳排放份额。美国针对分担了其碳排放责任的进口产品征收碳关税,将加重国外生产企业的生产成本。这一行为导致的直接后果是使发展中国家一部分生产制造企业因成本过高而降低国际竞争力,长远后果是进一步将生产加工制造领域的高碳产业转移至碳排放较低的发展中国家,在出现新一轮高碳产业转移的同时,造成更大碳排放和碳排放转移。因此,碳关税不宜纳入新的碳排放核算框架。

新的国际碳排放核算标准应具备易操作、小争议、明导向三个特点,顾及效率原则、公平原则、溯往原则和产值原则。所谓易操作,即执行成本较低,方法便捷简单。所谓小争议,即发达国家和发展中国家都应产生较大认同，尤其是发达国家不具备大的排斥心理和辩解理由。所谓明导向，即设计准则应最终推动碳减排份额的公正公平分配。然而，这种转变无法一蹴而就，需要借助一定思路和理念和过渡性准则进行铺垫。李钢和廖建辉提出的基于碳资本存量对碳排放权进行分配，是促使生产者原则向消费者原则转变的较好思路。所谓碳资本是指对当代人生活质量产生影响的历史碳排放，这一指标将使得发展中国家站上"道德制高点"，督促发达国家部分承担碳排放的历史责任，为核算体系由生产者原则向消费者原则转变做好铺垫。

3. 新工业革命、碳排放 EKC 与新型国际碳排放核算体系的实现路径

由于制造业是碳排放的重要行业，所以制造业增加值比重应对碳排放起到正向影响。从本书回归结果看，如表 4 - 6 所示，除组 3、组 7、组 9 外，其余 6 组的制造业增加值比重系数是显著的，其中正向影响有四组，表明目前的工业化与碳排放同向变动。而在"异质性"异化检验方程中，存在同样的情况。值得注意的是，以美国为代表的发达国家已经达到了工业化对碳排放产生负向影响的阶段。发展中国家中除马拉维一国外，其他大部分国家仍然处在制造业发展与碳排放增长的"双增"困境之下。

所谓制造业发展与碳排放增长的"双增"困境，是指制造业发展往往要以碳排放增加为代价，而碳排放大幅增加也一般是由以制造业为代表的工业化发展所造成的。这种困境是由工业革命以来固有的高资源投入式生产方式带来的。制造业发展不可避免地依赖着化石能源的消耗，而化石能源则是引起碳排放的最重要根源。如果按照固有的生产方式和模式，工业发展很难实现低碳与发展的共赢。制造业的水平代表着工业化水平，制造业对碳排放的正向作用机制表明，在世界整体范围内，制造业的内部低碳化是扭转碳排放整体增长趋势的唯一路径。这是因为，一个国家可以通过降低制造业或者是工业的比重，甚至是达到零制造业的水平来减少碳排放。但是，从世界范围内看，制造业的存在甚至发展壮大是无法规避的，这是人类进步的重要保障。通过减少或消除制造业来降低碳排放在国际层面是行不通的，而制造业的低碳化则是在第四次工业革命背景下的一个发展趋势，这将有效缓解经济增长与碳排放之间的矛盾，助推经济走出"双增"困境。

消费者原则核算体系的最终成功构建，有利于助推经济走出"双增"困境，但同时有赖于新工业革命中应运而生的生产技术和生产模式。新工业革命的主要技术是生产智能化，主要特征是"个性化定制、大批量生产"。在这种背景下，每一个产品的最终流向将非常清晰，这正是消费者原则核算体系的精髓，即明确产品消费的"最终责任人"。与此同时，产品的相关信息也可以通过互联网技术进行嵌入。产品生产引起的碳排放应在生产结束后录入产品信息库，以便后续跟踪检查和核算。在个体产品碳排放可跟踪、可核算技术的支撑下，对通过贸易而产生的进出口产品所携带的碳排放进行核算，将变得更加可行。值得注意的是，应当对进出口产品中的中间产品和最终消费品进行明确区分，这是贸易隐含碳排放测算中非常关键的一个环节。具体而言，测算步骤可以分为两步：第一步，在进口产品碳排放核算的基础上扣除出口产品碳排放；第二步，扣除进口中间产品再出口所产生的碳排放。如果没有第二步的扣除，将夸大进口碳排放。苏和安格（Su & Ang）对该问题的技术处理做了详细说明。由此，可以形成一个包括过渡性准则、产品碳排放信息库、贸易碳排放核算两步法等关键环节的新型碳排放核算体系实现路径，如图4-5所示。

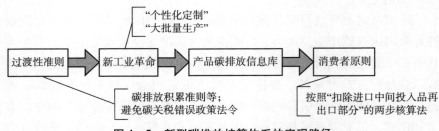

图4-5 新型碳排放核算体系的实现路径

4.3 碳排放 EKC 检验——行业层面

分析的模型与流程采用夏菲克等（Shafik et al., 1992）的建议，先设定三次项的方程形式，如果三次项的系数不显著，那么剔除三次项，改为二次项的方程形式。如果二次项的方程系数不显著，则剔除二次项，改为一次项的方程形式。当然，根据不同的方程形式，可以有不同的 EKC 形状，比如若为三次项方程形式，那么形状应为 N 形，或反N 形，或 ~ 形。若为二次项方程形式，那么形状应为倒 U 形或 U 形。具体来看，模型可以写为：

$$GHG_t = \alpha + \beta_1 y_t + \beta_2 y_t^2 + \beta_3 y_t^3 + \mu_t \qquad (4-10)$$

其中，GHG_t 为二氧化碳在 t 时间点的排放量，y_t 为时间点 t 的人均工资（人均产值），μ_t 为随机误差项。

在指标的选取上，我们选用"人均 CO_2 排放量"与"当期价格计算的人均工资""当期价格计算的人均产值"。因为衡量一个行业的经济发展水平，人均工资和人均产值都可以用来衡量，所以对这两个指标都进行考察，以综合考虑。数据来自历年《中国统计年鉴》《中国能源统计年鉴》、WIND 数据库等。检测软件为 Stata 12.0。

4.3.1 方程检测

首先采用"当期价格计算的人均收入"进行三次方程回归检测，发现系数均不显著。将三次方项剔除，发现变量同样不显著，进一步将二次方项剔除。发现只有人均收入一项的方程的高度显著。方程为：

$$GHG_t = 1.14 + 0.009y_t \qquad (4-11)$$

该方程意味着，制造业的人均收入与人均二氧化碳排放之间存在正向的线性关系，每当人均收入增加一元，人均碳排放将增加 0.009 吨。

采用指标"当期价格计算的人均产值"，经过检测发现，EKC 呈现显著的 N 形，方程为：

$$GHG_t = -0.4010 + 0.0006y_t - 0.0002y_t^2 + 0.0000005y_t^3 \quad (4-12)$$

式（4-12）的一次项，二次项，三次项均呈现高度的显著性。该方程发现，碳排放存在两个拐点，分别是人均产值为 3 元和 397 元时。可以明显发现观测值以来的人均产值都是要显著大于 397 元的，所以，碳排放的数值一直在增加，这一结论其实和"当期价格计算的人均收入"指标所检测的线性方程结论是一样的。

由于数据有限，掌握的时间段只有 22 年的时间，所以有可能造成样本不足而带来的估计不可信的情况。而且由于可能遗漏了其他解释变量，所以造成估计方程不显著的问题，故进一步通过 STIRPAT 模型来进行影响因素分析。

4.3.2　实证检验——基于 STIRPAT 模型

　　STIRPAT 模型的最初形式为 IPAT 模型，是由埃尔利希等（Ehrlich et al.，1971）提出，认为环境污染可以分解为三个人为因素，即人口（population）、财富（affluence）、技术（technology）。后来，迪茨等（Dietz et al.，1997）将此模型改进为对数化的形式，如下：

$$lnI_i = a + blnp_{it} + clnA_{it} + dlnT_{it} + e_{it} \qquad (4-13)$$

　　该模型为环境影响随机模型，即 STIRPAT 模型（Stochastic Impacts by Regression on Population，Affluence，and Technology）。该模型具有两大优点。一是由于数据容易获取，所以对碳排放分解的可操作性大；二是分解较为合理，分为投入的三大要素：劳动、资本和技术，这些都是在进一步减排中可以控制的。

　　在现实指标的选取上，利用制造业二氧化碳排放量来代表对环境的影响，利用制造业的职工人数代表人口，制造业的人均收入代表财富，制造业的能源强度代表技术。在数据的处理上，制造业的职工人数，1991～2010 年皆为职工人数，2011～2012 年由于无法获取该指标，运用制造业城镇单位从业人数代替。能源强度的计算中，所采用产值 1993～2002 年其他制造业数据无法获取，采用历年其他制造业在总制造业中的平均比重来进行折算。制造业的职工人数部分来自国泰安数据库，部分来自 WIND 数据库，其他数据来自历年《中国统计年鉴》。

　　检验变量的平稳性，采用 DF-GLS 检验，通过 Schwert 标准确定最大滞后阶数为 8。结果发现，$lnGHG_i$ 从第 1 阶到第 8 阶，均无法在 10% 的水平上拒绝"存在单位根"原假设，即 $lnGHG_i$ 是不平稳的。进一步检验一阶差分的平稳性，信息准则或序贯 t 规则的最优滞后阶数介于 2 到 5 之间，在此区间，均在 5% 的显著性水平下拒绝"存在单位根"的原假设，即可以认为 $lnGHG_i$ 是一阶差分平稳的。同样方法，检验其他变量，只有人均收入是一阶差分平稳的，即人均碳排放只与人均收入构成长期均衡关系检验的条件。

　　而在利用人均产值对该方程进行检验时，发现系数均不显著。所以，我们可以得到简单的结论，在制造业行业内部，从短期的数据来看，二氧化碳排放量与就业人口、技术的关系并不大，也就是说，对环境污染的影响因素分解为人口、财富和技术这三个基本因素的规律性认识在制造业行业内部是不成立的。制造业作为碳排放高输出行业，通过经济阶段的发展来自动减少碳排放是不现实的。

4.3.3　对研究结论的讨论

上面的研究可以表明，EKC 在制造业行业内部表现得并不明显，可以推断为并不存在。可能的原因是 EKC 的作用机理很大一部分在于一种非产业结构的影响因素，比如加莱奥塔和兰萨（Galeotti & Lanza，1999）认为倒 U 形 EKC 的存在是因为当人均收入较低时，人们并没有动力去减少环境污染或者拿出成本去治理环境污染，而当经济发展了，人们收入水平达到一定程度，人们便愿意拿出一定的成本去治理污染，从而导致该曲线的存在，这一点其实是和经济学中的边际概念紧密相关的。当财富增多，财富的边际效益下降，而当污染增加到一定程度，污染的边际下降效益增加。另外一种解释是鲍德温（Baldwin，1995）提出的，这是由于三个阶段的存在而产生的。经济早期阶段，处于农业型经济到工业型经济的转变过程中，污染在增加，而此时产值也在增加；经济的后期阶段，处于工业型经济向服务型经济的转变过程中，污染在减少，而产值仍然在增加。除此之外，新工业革命逐渐开始，研究数据并没有涵盖新工业革命背景之下的制造业发展水平，所以数据样本的不完整导致了检测的失效。

以上两个解释都没有出现具体行业内部的结构变动，而制造业本身又是碳排放的高比重产业，本书根据测算发现，制造业的碳排放占工业总碳排放的 80% 以上，其中有很多年份占到工业总碳排放的 90% 以上，可以说是工业碳排放的"支柱"产业。所以，在技术不变的情况下，制造业要增加产值，碳排放必然增加。

4.4　小　　结

本章基于前章的测算结果及数据，从经济增长的视角，围绕碳排放

EKC 假说，以"异质性难题"克服为突破口，重新检验碳排放与经济增长的关系，并在检验的同时考察 PHH 假说的存在性。进一步地，从国别层面过渡到行业层面，对碳排放 EKC 于制造业的适用性进行实证检验。主要结论如下：

第一，碳排放 EKC 形状和拐点值因国家间的组别差异而存在显著不同。高发展水平国家呈现显著的倒 U 形曲线，其中，"高发展水平、较低工业化"国家的拐点值为 174919.81 美元，"高发展水平、低工业化"国家的拐点值为 429562.26 美元。根据最新数据，该组国家尚没有超过拐点。由于拐点值非常大，本书认为，发达国家的碳排放在不进行主动减排的情况下，趋势仍将长期增加，经济碳减排的内生可能较小。印度、孟加拉国也为倒 U 形，二者均未超过拐点，碳排放近期将随经济增长而逐渐增加。但由于二者拐点水平不大，所以通过经济增长可以实现碳减排的内生性。其他国家均呈现 U 形。值得注意的是，中国目前已经远远超过拐点，基本处于随经济增长而碳排放持续增加的局面。中国是"高工业化""较高发展水平"国家中唯一的一个国家，如何化解高增长与高排放的矛盾也成为今后中国节能减排的重要研究方向。另外，在三次项的补充检验中，高发展水平国家在前期发展过程中存在异化拐点。"较高发展水平、较低工业化""低发展水平、低工业化"国家具有异化为反 N 形的可能，碳排放在未来存在反转的可能。

第二，门限分组情况下 PHH 假说显著成立，碳排放存在跨国转移现象。在检验的 9 组国家中，7 组的贸易变量通过显著性检验，而 7 组均呈现显著的正向影响，即贸易水平的提高会显著提高碳排放水平。就中国而言，每当贸易额占 GDP 比重增加 1%，碳排放将增加 0.20%。这表明，中国在贸易中承接了发达国家较多的碳排放，这与中国目前碳排放持续增高的事实是紧密相关的。另外一个重要现象是，在最高发展水平的国家中，相对较高工业化水平的国家贸易水平对碳排放影响系数在所有组别中接近最小，进一步印证了发达国家在贸易中碳排放转入情形微弱，而大部分发展中国家却因为贸易而成为发达国家的"污染避难所"。这一结论对全球碳排放责任划分提出了新的要求，应逐渐改变目前以生产者原则为核算标准的碳排放核算体系，逐步调整为以消费者原则为核算标准的碳排放核算体系。国际新碳排放核算体系的实现路径主要包括过渡性准则、产品碳排放信息库、贸易碳排放核算两步法等关键环节。

第三，工业化程度显著提高了碳排放水平，制造业低碳化是工业大国实现碳减排目标的战略选择。在检验的 9 组国家和地区中，共有 6 组的工业化程度指标通过显著性检验。而其中有 4 组均呈现显著正向影响。这表明，制造业增加值的比重对碳排放起到显著正向影响。制造业是二氧化碳的高排放产业，采用绿色、低碳、智能生产技术，推进制造业转型升级和低碳化发展，是正处于工业化进程中的发展中大国控制碳排放的有效路径。新工业革命的到来，将对制造业的传统制造方式掀起一场前所未有的革命，智能制造、3D 打印等新型制造形式将逐步推广发展，个性化定制、批量化生产将成为经济生产的主要形式，经济增长的新引擎将逐步低碳化，这也将帮助发展中的工业大国早日走出制造业与碳排放"双增"困境。

第四，经济发展水平和发展结构都影响碳排放拐点值，经济发展水平对碳排放拐点值的影响更大。高发展水平国家的碳排放与经济增长关系较为乐观，而较高发展水平及更低的国家碳排放与经济增长的"双增"困境短期内仍然无法改变，但部分国家仍然在未来存在"反转"可能。中国碳排放趋势将在较长时间内持续增长，这与"工业化"水平和贸易开放所导致的净出口碳排放具有很大的关系。中国如果要在未来求得碳排放与经济增长的"反转"，应该逐步调整贸易结构和工业结构，尤其是在工业内部进行低碳化导向的"供给侧改革"，淘汰落后产能和过剩产能，大力推广清洁能源技术，实现绿色制造。

第五，EKC 不适合行业的讨论。首先，本章认为 EKC 等碳排放规律适合制造业行业的探讨。其次，本章通过制造业的碳排放测算数据利用三次项回归方程和 STIRPAT 模型对制造业 EKC 的存在形状进行了探讨，发现制造业内部的 EKC 形状为线性，即碳排放随着人均收入的增加而逐渐增加，不存在拐点。制造业行业内部 EKC 的失效是可以通过EKC 的既有解释来进行说明的。同时，这也预示着，制造业行业的碳减排不能等待拐点的出现，需要利用转型升级、部分行业的产能过剩的淘汰和减排技术的提高等措施来进行行业减排，从而实现我国碳减排的总体目标下的制造业碳减排分目标，进而实现碳减排总目标，兑现我国政府对国际社会的庄严承诺。

第5章 产业结构变动的碳排放效应

产业结构优化是产业转型升级的题中之义，也是碳减排的重要方法。研究产业发展低碳化与产业结构变动之间的关系，关系到解决如何促进具有低碳导向的产业转型升级的关键问题。在新工业革命和《中国制造2025》的大背景下，如何抓住新工业革命的契机，推动中国制造业转型升级和产业结构优化，提升"中国制造"的国际竞争力，使中国由制造大国转变为制造强国，由世界生产中心转变为世界研发和制造中心；如何加快制造业领域节能减排力度，实现制造业低碳化发展，都是关系到中国经济能否保持持续健康较快发展的重大战略问题。本章将重点对制造业低碳化导向的产业结构调整问题进行研究。

5.1 引　　言

在对碳排放进行延展性使用和研究的过程中，产业结构变动逐渐作为一个新的影响因素纳入碳排放的研究框架中来。刘等（Liu et al.，2007）研究发现工业比重是造成中国碳排放强度较高的主要原因。朱勤等（2009）对 Kaya 恒等式进行了改进，研究发现中国碳排放的产业结构变动效应为正。郭朝先（2012）认为产业结构变动推动了中国碳排放的增长。涂正革（2012）研究发现制造业在经济中所占的比重与碳排放存在着稳定关系，制造业比重每增加1%，碳排放便增加56MT。上述研究都是以中国数据为基础，另外还有学者利用部分其他国家的数据展开研究。拉塔和韩（Lata & Han，1997）利用9个发展中国家1972～1990年的数据，研究发现产业结构的变动提高了二氧化碳（CO_2）排放量。刘等（Liu et al.，2011）利用美国、英国、日本、德国和中国五国

1970～2006 年的数据实证研究了产值结构比重与碳排放之间的关系，发现各产业对碳排放的影响在不同产业结构的主导时期是不一样的。刘再起和陈春（2012）选取了 7 个国家的面板数据，研究发现三次产业的发展都会引起碳排放的增加，而且单位产出的碳排放增加量第一产业最大、第二产业其次、第三产业最小。以上研究都表明，产业结构变动已经成为碳排放的重要影响因素。

然而，既有研究存在以下三点缺陷与不足：一是缺乏对针对性行业产业结构变动的因素分析。已有研究围绕着总体经济和三次产业展开，研究结论也都是关于三次产业各自比例变动对碳排放的影响。对于一些碳排放重点行业，比如占工业碳排放接近 2/3 制造业的内部产业结构效应的研究太少，而这一部分对于产业结构的优化是更加微观的，对于政策的制定也更加具有针对性。二是产业结构的评价不应仅局限于产业比重与碳排放之间的关系，而应更加综合地评价产业结构变动的合理性与碳减排的共赢问题，即是否产业结构越趋于合理，碳减排也越成功？产业结构合理化发展与碳减排工作是否是兼容的？如果二者兼容，将使制造业转型升级与碳减排联系得更加紧密。三是产业结构的合理性衡量缺乏科学的方法，造成研究二者之间关系时研究结论的可信度不高。本章试图弥补以上缺陷和不足，选取制造业作为研究对象，提出产业过度发展相比产业不足发展更有利于导致低碳化这一研究假说，利用改进的失衡度法评价制造业及其细分行业的产业结构失衡度水平，并结合依据参考方法的碳排放测算数据，实证研究制造业产业结构失衡度与碳排放之间的关系，最终验证了研究假说的成立，为制定推动制造业低碳化转型发展的产业结构调整策略提供决策参考。

5.2 产业结构变动衡量、数据来源与处理

5.2.1 产业结构波动衡量

周达（2008）给出了制造业产业结构变动的短期指数和中期指数，从整体上直观地量化了制造业产业结构变动程度。

$$S_v = VAR(S_{1t}, S_{2t}, \cdots, S_{it}, \cdots, S_{nt}) \tag{5-1}$$

i 代表制造业的子行业，t 代表年份，S_{it} 表示 t+1 年与 t 年相比子行业 i 产值占比的变化率。短期指数代表制造业每一年的各产业产值比重波动率的方差，指数越大，说明波动越剧烈，也说明制造业的内部产业比例变动越剧烈。

$$TS = VAR(T_{1t}, T_{2t}, \cdots, T_{it}, \cdots, T_{nt}), 其中, T_{it} = (1/3)\sum_{t-1}^{t+1} S_{it}。$$
$$(5-2)$$

从图 5-1 中可以看出，制造业的短期结构指数在 2005 年之前幅度剧烈，2005 年之后，趋于平缓。中期结构指数幅度小于短期结构指数，且在 2005 年之后幅度逐渐变小。初步分析来看，在 1998 年国有企业改制、2001 年加入 WTO 之后，制造业迎来转轨发展的重要时期，制造业的产业结构在内部改革、外部开放的双重影响之下，出现重大变化。2006 年之后，在经过一段时期的适应后，制造业发展逐渐趋于稳定，产业结构也逐渐形成随市场需求而变的微调状态。

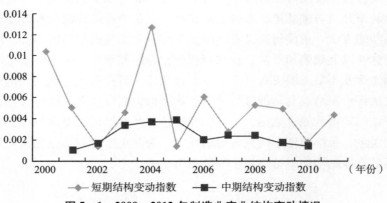

图 5-1　2000～2012 年制造业产业结构变动情况

5.2.2　产业结构失衡度及其衡量

就整个经济体而言，产业结构的评价需要关注合理化与高级化两个维度。产业结构的合理化偏向于资源在产业间的分配与各产业产值贡献度比重的一致性，而产业结构的高级化偏向于在整个经济发展的进程中，标志着更高发展阶段的产业所占整体经济比重的提高。由于高级化更加侧重于整体经济，所以针对制造业行业的研究较难用高级化衡量，故本章对高级化不做讨论，只考虑产业结构的合理化。

产业结构失衡度是衡量产业结构合理化程度的指标。目前，学术界主要存在两种衡量产业结构失衡度的方法。一种是仅对劳动力资源的分配合理程度进行考虑，可称之为劳动分配法。原毅军和董琨（2008）开始进行系统研究，后由干春晖等（2011）、吕明元和尤萌萌（2013）相继进行改进，并获得了更加科学的衡量公式，而其中便以吕明元和尤萌萌（2013）改进的公式最为合理，其产业结构失衡度衡量公式为：

$$SR = \sum_{i=1}^{n} \left(\frac{Y_i}{Y}\right) \sqrt{\left(\frac{Y_i/Y}{L_i/L} - 1\right)^2} \qquad (5-3)$$

式（5-3）中，SR 表示产业结构偏离度，可以用来衡量产业结构的合理化程度。Y_i 为 i 产业的产值，Y 为制造业的总体产值。当且仅当 $\frac{Y_1/Y}{L_1/L} = \frac{Y_2/Y}{L_2/L} = \cdots = \frac{Y_n/Y}{L_n/L} = 1$ 时，SR = 0，即产业结构处于最合理状态。而 SR 越大，则说明产业结构越不合理。式（5-3）相比之前的公式存在两个优点：一是以各产业的产值比重为权重，这就解决了对产值比重不等尤其是悬殊的产业不合理程度考虑的大小不一问题。比如，2011年占制造业总产值 0.7% 的家具制造业与 10% 的食品、饮料和烟草制造业如果有同样的偏离度，而在计算制造业产业偏离度时，不考虑二者的产值比重，将无法反映出大产业偏离的更大损害。二是运用平方再开方的形式避免了负数出现产生正负相抵的情况，即"伪合理性问题"。

另外一种产业结构失衡度测量方法，即失衡度法。失衡度法从生产要素的生产率角度计算出了产业的综合效益标准化值，并与产业的实际增加值进行对比，得到产业发展的不合理速度。失衡度法认为，效益高的产业理应发展得快一些，因为其资源利用率高，投资回报率大，符合经济学中的资源优化配置观点。而对于效益低的产业，其速度应该相应放慢，因为其资源的利用率低，对整个经济发展的贡献也相应较低。

综合比较劳动分配法和失衡度法可以发现，失衡度法对于评价产业发展速度、产业结构的合理性更加科学，因为其是与合理速度的一种比较，即它是在对合理速度计算之后的一种判断，而且对于产业结构的进一步调整方向明确，力度清楚，可操作性更强。然而，失衡度法仍然存在一定缺陷，比如其只考虑了劳动和资本两种生产要素的价值，而没有考虑技术要素的价值。本章将采用改进的失衡度法来衡量制造业及其细分产业的产业结构失衡程度。

5.2.3 加入技术要素的失衡度法

我们对传统失衡度法进行改进,在劳动、资本两种要素的基础上加入技术要素。技术指标采用能耗强度(单位产值能耗量)的倒数来衡量[①]。基于劳动力效益和资本效益计算产业发展的合理速度,具体测算步骤为:

(1)产值增长率:$y_{it} = \dfrac{g_{it} - g_{i,t-1}}{g_{i,t-1}}$。$g_{it}$为制造业$i$产业在$t$年份的产值,$y_{it}$为制造业的产值增长率,并用$Y_t$表示制造业产值增长率的集合。

(2)计算产业i三大要素的生产率。劳动力生产率:$v_{it} = \dfrac{1}{2}\left[\dfrac{g_{i,t-1}}{l_{i,t-1}} + \dfrac{g_{i,t-2}}{l_{i,t-2}}\right]$;资本生产率:$p_{it} = \dfrac{1}{2}\left[\dfrac{g_{i,t-1}}{k_{i,t-1}} + \dfrac{g_{i,t-2}}{k_{i,t-2}}\right]$;技术生产率:$q_{it} = \dfrac{1}{2}\left[\dfrac{g_{i,t-1}}{t_{i,t-1}} + \dfrac{g_{i,t-2}}{t_{i,t-2}}\right]$。其中,$l_{it}$、$k_{it}$、$t_{it}$分别代表产业$i$在$t$年份的劳动力就业人数、资本量、技术量。

(3)标准化处理。即将前述三个指标标准化为无量纲的指标,其取值在$0 \sim 1$。

$$y'_{it} = \frac{y_{it} - \min(Y_t)}{\max(Y_t) - \min(Y_t)}; \quad v'_{it} = \frac{v_{it} - \min(V_t)}{\max(V_t) - \min(V_t)}$$

$$p'_{it} = \frac{p_{it} - \min(P_t)}{\max(P_t) - \min(P_t)}; \quad q'_{it} = \frac{q_{it} - \min(q_t)}{\max(q_t) - \min(q_t)}。 \quad (5-4)$$

(4)计算综合收益:$z_{it} = \dfrac{1}{3}(v'_{it} + p'_{it} + q'_{it})$。将其标准化后为:

$$z'_{it} = \frac{z_{it} - \min(Z_t)}{\max(Z_t) - \min(Z_t)}。 \quad (5-5)$$

(5)计算修正系数:$f_{it} = z'_{it} - y'_{it}$。该修正系数的含义是通过综合收益进行衡量的产业发展的不合理速度。当$f_{it} > 0$时,说明产业发展速度需要提高,反之则需要降低。当且仅当$f_{it} = 0$时,不合理速度为0,产业发展速度是合理的。

---

① 因为能耗量越低,技术水平越高。取倒数可以保证在后续计算技术价值时保证其与技术水平变动的同向性。

（6）计算合理的产业发展速度：

$$y_{it}^h = y_{it} + \{ f_{it} \times [\max(Y_t) - \min(Y_t)] \}。 \qquad (5-6)$$

然后，通过合理的产业发展速度来推出合理的产值水平，进而计算出不合理产值的比重，最后求出产业失衡指数。具体步骤如下：

（7）计算不合理的产值比重：

$$R_{it} = \frac{g_{it} - g_{i,t-1} \times [1 + y_{it}^h]}{g_{it}}。 \qquad (5-7)$$

（8）计算制造业产业失衡指数：

$$R_t = \sum_{i=1}^{n} w_{it} \times | R_{it} |。 \qquad (5-8)$$

其中 w_{it} 为产值的占比，$| R_{it} |$ 是对 R_{it} 的绝对值处理。

5.2.4 数据来源与处理

研究时间段为 2001～2013 年，原因在于我国 1998 年国有企业改制导致了大量国有企业职工下岗，也因此使得企业职工人数出现前后较大的悬殊。为保证数据前后的可比性，以 1999 年为数据的采集起始点。而失衡度的计算则需要前两年的数据，所以 1999 年的起始点数据得到的失衡度起始数据年份推迟 2 年，为 2001 年。职工人数的涵盖面较小，故采用从业人员的年平均数作为制造业就业人数的衡量指标，从而保证企业的真实用工情况[1]。1999～2002 年缺乏其他制造业的数据，通过比较发现，在 2003～2006 年的其他制造业全年从业人员平均人数占制造业总全年从业平均人数的比值与 1999～2002 年的其他制造业职工人数占制造业总职工人数的比值均在 0.021～0.23 之间，故采用其他制造业对应年份职工人数占制造业职工人数总数的比值来估算。1999 年其他制造业实收资本缺失，采用 2000 年其他制造业实收资本占总实收资本比值估算。

在制造业的细分行业碳排放历年比较上，由于我国的行业划分标准经过几次变化，所以为方便前后比较，采取归类方法，将历年的制造业每一

---

[1] 从业人员是指从事一定社会劳动并取得劳动报酬或经营收入的人员，包括全部职工、再就业的离退休人员、私营业主、个体户主、私营和个体从业人员、乡镇企业从业人员、农村从业人员、其他从业人员（包括民办教师、宗教职业者、现役军人等）。这一指标反映了一定时期内全部劳动力资源的实际利用情况，是研究我国基本国情国力的重要指标。

行业中最大类别的一次作为比较的标准。经过归类，共分得 20 个子行业①。

所需碳排放量来自前面章节计算数据，所需数据来自历年《中国统计年鉴》《中国工业统计年鉴》《中国能源统计年鉴》、WIND 数据库等。所用计量软件为 Stata 12.0。

5.2.5 研究假说

产业结构失衡有过度发展与发展不足之分。当产业过度发展时，产业产出较大，消耗能源较大，从而产生较高碳排放水平。与此同时，产业产出较大，碳强度水平并不会持续增大，而是会平稳变动。与发展不足时的产业水平相比，碳强度的变动情况要视产业产出水平的变动大小而定。当发展不足时，产业规模经济水平还无法显现，而当产业发展步入过度发展时期，产业产出将呈现规模经济的加速度发展，此时，产出的增长倍数将远超过碳排放水平的增长倍数，所以碳强度将随着产业产出规模扩大而降低。碳排放绩效也因此随着产出水平提高而得到提高。由此，本章提出以下研究假说：

研究假说：在降低碳强度、提高碳排放绩效方面，产业过度发展将优于不足发展。即，相比不足发展产业，过度发展产业将更有利于降低碳强度，提高碳排放绩效。

5.3 制造业产业结构合理化变动情况

5.3.1 产业结构失衡度结果

利用式（5-8）计算出中国制造业产业结构失衡度，如图 5-2 所

---

① 该 20 个子行业分别为：B：食品、饮料和烟草制造业；C：纺织业；D：服装及其他纤维制品业；E：皮革、毛皮、羽绒及其制品业；F：木材加工及竹、藤、棕、草制品业；G：家具制造业；H：造纸及纸制品业；I：印刷业、记录媒介的复制；J：文教体育用品制造业；K：石油加工及炼焦业；L：化学原料及化学品制造业；M：医药制造业；N：化学纤维制造业；O：橡胶和塑料制品；P：非金属矿物制品业；Q：黑色金属冶炼及压延加工业；R：有色金属冶炼及压延加工业；S：金属制品业；T：机械、电子、电子设备制造业；U：其他制造业。字母为文中该子行业的代号。

示。制造业的产业结构失衡度变动呈现周期性倒 V 形状变化，且逐渐趋于收敛降低。第一个倒 V 时期是在 2001～2008 年，从 2001 年的 0.04，下降到 2002 年的 0.07。随后迅速攀升到 2003 年的 0.29，之后较为稳定地在 0.30 左右波动中下降，2008 年达到 0.09 的低位。2009 年是一个极小值点，而后上升，在 2010 年有一个短暂的高点后回落，之后持续下降，至 2013 年达到 0.068 的历史最低点。由此可以看出，制造业的产业结构在逐渐向良好的状态发展。虽然波动状态一直持续，但朝向是收敛状态。

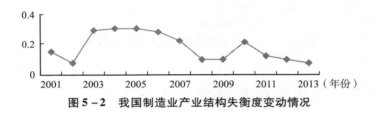

图 5 - 2　我国制造业产业结构失衡度变动情况

5.3.2　碳排放水平

　　根据前述测算，如图 5 - 3 所示，中国制造业的碳排放自 2001 年以来大体可以分为两个排放阶段，第一阶段为 2001～2007 年，这一阶段碳排放稳步攀升，从 1999 年的 13 亿吨左右，达到 2007 年的 26 亿吨左右，涨幅达到 100%。第二阶段为 2007～2013 年，该阶段碳排放处于先大幅下降后大幅持续增加的阶段。分析来看，2008 年的陡转直下的主要原因应为国际金融危机导致的经济下滑，消费不足，生产量大幅减少，从而对能源的消费量也大幅降低。而在 2009 年，我国政府出台 4 万亿刺激计划后，经济开始复苏，碳排放水平又重新高速增长，至 2011 年已经增加至 86 亿吨左右。就碳强度（单位产值碳排放）来说，总体呈下降趋势，基本也可以分成两个阶段。第一阶段为 2001～2008 年，呈现一直下降阶段，说明该阶段单位碳排放价值也越来越大。第二阶段为 2009～2013 年，呈现小幅度提高阶段，但速率在下降。碳强度的总体下降说明我国碳利用效率在提高，节能环保的技术水平在提升。

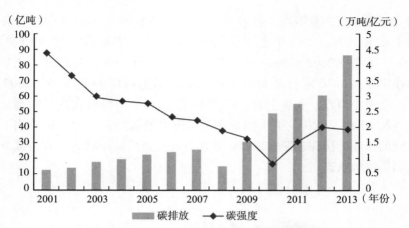

图 5 - 3　我国制造业碳排放量与碳强度变动情况

5.4　制造业产业结构失衡度与碳排放的关系

根据 Kaya 恒等式的研究框架，碳排放的影响因素可以分为产业发展水平、从业人员数、技术水平、产业结构变动四种。采用碳强度 ci_{it} 作为碳排放变量的代表指标，因为碳强度既表现出了碳排放的效率，也是我国碳减排目标的考察指标。采用产值比重来代表产业规模大小，因为规模越大将使得该产业有更多的资金来改进自己的生产技术，从而降低碳强度。为区分产业发展不足与产业过度发展两种失衡状态，采用不合理比重 R_{it} 来代表子产业失衡度。采用能源强度 ei_{it} 代表技术水平[①]。采用从业人员平均数来代表就业人数 peo_{it}。模型设定如下：

$$ci_{it} = f(R_{it},\ ei_{it},\ gdpr_{it},\ peo_{it}) \qquad (5-9)$$

5.4.1　面板混合回归

首先，作为参照，方程首先设定为混合回归方程，形式如下：

$$ci_{it} = \alpha + \beta_1 R_{it} + \beta_2 ei_{it} + \beta_3 gdpr_{it} + \beta_4 peo_{it} + \varepsilon_{it} \qquad (5-10)$$

混合回归后发现，如表 5 - 1 所示，只有 ei_{it} 是显著的，其他均不显

---

① 该处无需采用倒数，因为反映出技术变化即可以做技术变化的影响方向相关分析。

著。考虑不同产业的情况不同，可能会存在不随时间而变的遗漏变量，即存在个体效应，所以进一步考虑使用固定效应模型进行检验。

表 5 - 1 混合回归结果

变量	系数	标准误	t 值	p 值
$gdpr_{it}$	4.9007	6.3540	0.77	0.45
R_{it}	1.5407	1.7177	0.90	0.38
ei_{it}	1.8964 ***	0.1843	10.29	0.00
peo_{it}	-0.0007	0.0112	0.570	0.57
拟合优度：R^2	0.68			
方程显著性 F 检验	36.80			

注：*** 代表在 1% 的显著性水平下显著。

5.4.2 固定效应模型

根据固定效应模型形式，方程设定为：
$$\overline{ci}_{it} = \beta_1 \overline{R}_{it} + \beta_2 \overline{ei}_{it} + \beta_3 \overline{gdpr}_{it} + \beta_4 \overline{peo}_{it} + \overline{\varepsilon}_{it} \quad (5-11)$$
其中，$\overline{R}_{it} = R_{it} - \overline{R}_i$，$\overline{ei}_{it} = e_{it} - \overline{e}_i$，$\overline{gdpr}_{it} = gdpr_{it} - \overline{gdpr}_i$，$\overline{peo}_{it} = poe_{it} - \overline{peo}_i$，$\overline{\varepsilon}_{it} = \varepsilon_{it} - \overline{\varepsilon}_i$。

如表 5 - 2 所示，$gdpr_{it}$ 和 peo_{it} 同样高度不显著。故初步决定将该两变量剔除。在剔除后的回归模型中，不加入稳健标准误的回归结果可以发现，原假设为混合回归可以接受的 F 检验 p 值为 0.0000，强烈拒绝了原假设，即认为固定效应模型是明显优于混合回归的，应该让每个行业拥有自己的截距项。然而由于没有使用稳健标准误，所以进一步利用最小二乘虚拟变量方法（LSDV）进行考察，结果发现，虚拟变量中接近 3/4 的个体虚拟变量均显著，所以可以认为存在个体效应，不应使用混合回归。

表 5 - 2 固定效应回归结果

变量	系数	标准误	t 值	p 值
$gdpr_{it}$	2.2419	21.0890	0.77	0.45
R_{it}	-2.5479 **	1.2675	0.90	0.38

变量	系数	标准误	t 值	p 值
ei_{it}	1. 4506 ***	0. 1702	10. 29	0. 00
peo_{it}	0. 0014	0. 0006	0. 570	0. 57
拟合优度：R^2	0. 65			
方程显著性 F 检验	22. 78			
个体部分引起所占部分：rho	0. 5192			
个体效应不存在 F 检验	7. 75			

注：rho 代表变化由个体部分引起所占的部分。Fi 代表个体效应不存在的 F 检验；** 代表在 5% 的显著性水平下显著，*** 代表在 1% 的显著性水平下显著。

5.4.3 豪斯曼检验

在处理面板数据考虑个体效应时，不仅包括固定效应，还包括随机效应。究竟使用固定效应，还是随机效应，一般采用豪斯曼检验方法（Hausman，1978）。检验结果发现 p 值为 0.0024，强烈拒绝了原假设为误差项与解释变量不相关的假设，认为应该使用固定效应模型，而非随机效应模型。

5.4.5 回归结果分析

剔除不显著变量之后，固定效应模型变为：

$$\overline{ci}_{it} = \beta_1 \overline{R}_{it} + \beta_2 \overline{ei}_{it} + \overline{\varepsilon}_{it} \tag{5-12}$$

运用聚类稳健标准误回归结果为（括号内为标准误）：

$$\overline{ci}_{it} = -2.5674 \overline{R}_{it} + 1.4377 \overline{ei}_{it} + \overline{\varepsilon}_{it} \tag{5-13}$$
$$(1.0645) \quad (0.3176)$$

回归结果如表 5-3 所示，技术因素和产业结构失衡度都显著地影响到碳强度的变化。虽然是利用组内离差数据的"组内估计量"，但是由于变量对时间的均值是固定数，所以系数解释与线性回归在某种意义上是等价的[①]。失衡度的系数为 -2.43，表示失衡度每增加 1（由于失

---

① 具体可参见陈强. 高级计量经济学及 STATA 应用（第二版）. 高等教育出版社 2014 年版，第 253 页。

衡度介于 0 和 1 之间，这种可能性几乎为 0，但作为参照情况可进行说明），碳强度下降 2.43 万吨/亿元。能源强度系数为 1.32，表能源强度每增加 1，碳强度将增加 1.32。

表 5 - 3   剔除不显著变量固定效应回归结果

变量	系数	t 检验值	p 值
$\overline{R}_{it}$	− 2.4258 **	− 2.55	0.023
$\overline{ei}_{it}$	1.3222 ***	4.87	0.000
拟合优度 R^2	0.35		
个体部分引起所占部分：rho	0.52		

注：** 代表在 5% 的显著性水平下显著，*** 代表在 1% 的显著性水平下显著。

子行业失衡度的影响系数为负，说明其与碳强度变化呈现相反的关系。当失衡度为负时，说明产业发展不足，当失衡度为正时，说明产业过度发展，当失衡度为 0 时，产业发展最为合理。系数为负说明两种失衡状态，产业过度发展相比产业发展不足会更加低碳。这也表明，针对发展不足的产业，应该鼓励刺激其发展，因为这种结构转换是低碳化路径之一。技术系数为正，说明技术和碳强度呈现正相关。由于能源强度作为技术指标，其和技术水平成相反关系，所以技术发展水平和碳强度呈反向关系，技术越发展，碳强度越低。由此可见，研究假说得到证明。

5.4.5　产业结构低碳化调整

根据加入技术的产业结构失衡度方法计算得到制造业 20 个细分行业的产业结构不合理状况，如表 5 - 4 所示。失衡状态的评价根据 2009 ~ 2013 年最近 5 年的失衡状态平均状态来进行界定。制造业平均状态由发展不足朝过度发展方向过渡，这符合产业的发展规律。从具体产业来看，过度发展产业数量为 11 个，而不足发展产业为 9 个。过度发展状态程度最高的三个产业为家具制造业，木材加工及竹、藤、棕、草制品业，文教体育用品制造业。发展不足状态最高的三个产业为化学原料及化学品制造业，非金属矿物制品业，黑色金属冶炼及压延加工业。

表 5 - 4　　制造业细分行业失衡状态情况

代号	行业名称	2001年	2002年	2003年	2004年	2005年	2006年	2007年	2008年	2009年	2010年	2011年	2012年	2013年	比例(%)	状态
B	食品、饮料和烟草制造业	0.09	-0.05	-0.25	-0.23	-0.19	-0.22	-0.14	-0.07	0.07	-0.18	-0.11	0.00	0.01	69	过度
C	纺织业	0.16	-0.05	-0.23	-0.21	-0.23	-0.21	-0.19	-0.02	0.02	-0.19	-0.07	-0.01	0.00	77	不足
D	服装及其他纤维制品业	0.15	-0.08	-0.22	-0.11	-0.09	-0.21	-0.12	-0.01	0.09	-0.18	-0.03	0.01	0.02	69	过度
E	皮革、毛皮、羽绒及其制品业	0.09	-0.10	-0.29	-0.13	-0.07	-0.18	-0.11	0.02	0.09	-0.15	-0.03	0.04	0.03	62	过度
F	木材加工及竹、藤、棕、草制品业	0.22	-0.03	-0.20	-0.19	0.12	-0.27	0.02	-0.06	0.13	-0.14	-0.08	0.04	0.03	54	过度
G	家具制造业	0.26	0.06	-0.29	-0.25	-0.11	-0.26	-0.06	-0.01	0.12	-0.11	-0.03	0.06	0.05	62	过度
H	造纸及纸制品业	0.26	0.02	-0.20	-0.21	-0.19	-0.21	-0.15	-0.04	0.02	-0.17	-0.07	0.02	0.02	62	过度
I	印刷业、记录媒介的复制	0.36	0.05	-0.19	-0.12	-0.22	-0.17	-0.11	-0.02	0.10	-0.16	-0.01	0.04	0.03	62	过度
J	文教体育用品制造业	0.20	-0.01	-0.23	-0.12	-0.14	-0.17	-0.11	0.02	0.10	-0.14	0.03	0.02	0.02	54	过度
K	石油加工及炼焦业	-0.28	-0.43	-0.40	-0.55	-0.29	-0.34	-0.49	-0.21	-0.23	-0.25	-0.20	-0.01	0.00	92	不足

续表

代号	行业名称	2001年	2002年	2003年	2004年	2005年	2006年	2007年	2008年	2009年	2010年	2011年	2012年	2013年	比例(%)	状态
L	化学原料及化学品制造业	0.04	-0.11	-0.30	-0.42	-0.38	-0.30	-0.30	-0.16	-0.11	-0.26	-0.19	-0.08	-0.06	92	不足
M	医药制造业	0.25	0.03	-0.20	-0.14	0.06	-0.18	-0.12	-0.03	0.11	-0.17	-0.11	0.04	0.03	54	过度
N	化学纤维制造业	0.06	-0.06	-0.25	-0.26	0.06	-0.23	-0.17	0.02	-0.04	-0.16	-0.14	0.08	0.06	62	不足
O	橡胶和塑料制品	0.22	0.03	-0.22	-0.21	-0.23	-0.23	-0.11	-0.01	0.09	-0.14	-0.04	0.01	0.02	62	过度
P	非金属矿物制品业	0.15	-0.05	-0.24	-0.29	-0.35	-0.28	-0.19	-0.12	0.03	-0.19	-0.13	-0.05	-0.03	85	不足
Q	黑色金属冶炼及延加工业	0.08	-0.13	-0.45	-0.61	-0.55	-0.30	-0.47	-0.28	-0.33	-0.38	-0.24	-0.23	-0.19	92	不足
R	有色金属冶炼及压延加工业	0.15	-0.09	-0.31	-0.38	-0.02	-0.52	-0.16	-0.09	-0.11	-0.18	-0.15	0.01	0.01	69	不足
S	金属制品业	0.19	-0.01	-0.20	-0.20	-0.06	-0.26	-0.07	-0.05	0.06	-0.15	-0.05	0.02	0.02	69	过度
T	机械、电子、电子设备制造业	0.15	0.02	-0.32	-0.29	-0.37	-0.27	-0.19	-0.06	0.02	-0.18	-0.08	-0.16	-0.11	77	不足
U	其他制造业	0.23	0.06	-0.23	-0.44	-0.43	-0.32	-0.29	-0.18	-0.10	-0.23	-0.17	-0.08	-0.06	85	不足

注：表中数据由式（5-7）计算得出，为产业的不合理比重，正数代表过度发展，负数代表发展不足，0值代表发展无失衡状态。最后一栏中状态定义为13年考察年份中占比过半的发展状态。比例为发展状态不足年份数占总年份数的比重。

根据周达（2008）的划分，制造业可以划分5类产业，即单纯资本主导型产业、单纯劳动主导型产业，单纯剩余要素主导型产业，劳动、剩余要素混合型产业，资本、剩余要素混合主导型产业①。根据该种划分，其中发展过度产业 K 和 L 都属于单纯资本型产业，而 Q 属于单纯剩余要素型产业。而 F 和 G 都属于单纯劳动型产业，H 不足状态也有82%，属于高度发展不足。可以发现，制造业内部，劳动型产业已经处于长期发展不足的状态，如表5–5所示。

表5–5　　　　　　　　　　　制造业分类别产值结构　　　　　　　　单位：%

产业类型	产业代号	产值比重
单纯劳动型产业	F, G, H	3.50
单纯资本型产业	K, L, M, N, O	19.32
单纯剩余要素型产业	T, U, P, Q, R, S	55.79
劳动、剩余要素混合型产业	B, I, J	11.60
资本、剩余要素混合型产业	C, D, E	9.79

104

根据前述研究结论，制造业的低碳化路径之一为将失衡状态中的发展不足向理想状态调整，即发展不足产业应鼓励刺激发展，如果在发展过程中超过了理想状态，而达到发展过渡状态，也不会对碳强度产生正向增加影响。基于此，在今后制造业的发展中，制造业应重点发展扶持单纯剩余要素型产业，尤其以 P 和 Q 为重。其他重点鼓励发展的还有 L。而针对 G，F，J 制造业应该合理控制，但控制不应过度，防止其掉入不足状态。

---

① 划分依据为投入要素在1981～2006年25年间的投入占比。资本主导型产业为25年内资本投入对产出增长贡献平均份额在40%以上，劳动主导型产业为25年内劳动投入对产出增长贡献平均份额在20%以上，剩余要素主导型产业为25年内剩余要素对产出增长贡献平均份额在40%以上，如果同时满足两个以上标准，则为混合型。

5.5　产业结构变动与碳排放的灰色关联分析

5.5.1　灰色关联分析方法

灰色关联分析是系统分析的重要方法，其基本思想是根据序列曲线的几何形状的相似程度来判断序列之间的联系是否紧密。数理统计中的回归分析、方差分析、主成分分析等也是系统分析的主要方法，但是这些方法需要以大量数据作为依托，数据量少，难以找出统计规律。而灰色关联分析方法恰恰克服了这种缺点，也使得它对研究"小样本，贫信息"的数据具有很高的应用价值。灰色关联分析包括灰色关联度、灰色绝对关联度、灰色相对关联度、灰色综合关联度4种。灰色关联度属于关联度的狭义范畴，而灰色绝对关联度、灰色相对关联度与灰色综合关联度属于关联度的广义范畴。

广义的灰色关联度最终计算得出的为灰色综合关联度，其计算过程包括 3 个步骤。

1. 求灰色绝对关联度

灰色绝对关联度是对系统特征行为序列与相关因素行为序列之间关联程度的度量，具有规范性、偶对称性和接近性的性质。其计算公式为：

$$\varepsilon_{ij} = \frac{1 + |s_i| + |s_j|}{1 + |s_i| + |s_j| + |s_i - s_j|} \tag{5-14}$$

其中，$s_i = \int_1^n (X_i - x_i(1)) \, dt$，$x_i(1)$ 为序列 i 的第一个观测值，n 为观测值的数量。

灰色绝对关联度越大，表明特征行为序列与相关因素行为序列越类似，反之则相反。

2. 求灰色相对关联度

灰色相对关联度是特征行为序列与相关因素行为序列相对始点的变化速率之联系的表征。其计算公式为：

$$r_{ij} = \frac{1 + |s_i'| + |s_j'|}{1 + |s_i'| + |s_j'| + |s_i' - s_j'|} \qquad (5-15)$$

其中 s_i' 和 s_j' 的计算，同 s_i 和 s_j 相比，将 X_i 和 X_j 变成了二者各自的初值像 X_i'、X_j'。初值像即为序列的每个数值都除以初值，得到新的序列，该序列即为原序列的初值像。

灰色相对关联度越大，表明序列之间的变化速率越接近，反之则相反。

3. 求灰色综合关联度

灰色综合关联度是对灰色绝对关联度和灰色相对关联度加权平均的计算，不仅体现了序列之间的相似程度，同时也反映出序列相对于始点变化速率的接近程度，较为全面地表征了序列之间的紧密联系程度。其计算公式为：

$$\rho_{ij} = \theta\varepsilon_{ij} + (1-\theta)r_{ij} \qquad (5-16)$$

其中，θ 为权重，一般取 0.5，表示对绝对关联度和相对关联度具有同样的重视程度。

灰色综合关联度越大，表明序列之间关联越紧密，反之则相反。

5.5.2 灰色关联分析结果

表 5-6 至表 5-9 给出了我国制造业子行业碳排放比重与制造业子行业产值比重、从业人员比重、产业结构失衡度的灰色关联度的计算结果。表格中行业顺序是按照对应指标综合关联度 ρ_{ij} 的数值升序排列的。根据计算结果，可以得到以下结论：

表 5-6 制造业子行业碳排放比重与子产业三大指标灰色关联度

行业	与产值比重关联度			行业	与从业人员比重关联度			行业	与产业结构失衡度关联度		
	r_{ij}	ε_{ij}	ρ_{ij}		r_{ij}	ε_{ij}	ρ_{ij}		r_{ij}	ε_{ij}	ρ_{ij}
T	0.5307	0.6896	0.6102	C	0.5846	0.7512	0.6679	B	0.5283	0.7476	0.6379
D	0.5285	0.7112	0.6199	L	0.5756	0.7607	0.6682	R	0.5048	0.7825	0.6437
R	0.5296	0.7177	0.6236	P	0.5829	0.7589	0.6709	H	0.5273	0.7727	0.6500
C	0.5403	0.7178	0.6290	Q	0.5870	0.7828	0.6849	J	0.5269	0.7732	0.6501

续表

行业	与产值比重关联度			行业	与从业人员比重关联度			行业	与产业结构失衡度关联度		
	r_{ij}	ε_{ij}	ρ_{ij}		r_{ij}	ε_{ij}	ρ_{ij}		r_{ij}	ε_{ij}	ρ_{ij}
S	0.5449	0.7208	0.6328	N	0.5622	0.8149	0.6886	E	0.5256	0.7750	0.6503
L	0.5295	0.7780	0.6538	K	0.5802	0.8135	0.6969	N	0.5196	0.7823	0.6509
E	0.5406	0.7675	0.6541	G	0.5334	0.8685	0.7010	M	0.5281	0.7741	0.6511
U	0.5425	0.7834	0.6630	H	0.6084	0.8124	0.7104	F	0.5379	0.7753	0.6566
B	0.5851	0.7437	0.6644	I	0.6139	0.8204	0.7172	O	0.5359	0.7794	0.6576
H	0.5331	0.8014	0.6672	U	0.6208	0.8159	0.7184	K	0.5356	0.7797	0.6577
K	0.5448	0.7899	0.6674	F	0.5790	0.8583	0.7187	D	0.5412	0.7759	0.6585
P	0.5284	0.8087	0.6685	B	0.6505	0.7986	0.7245	T	0.5413	0.7800	0.6607
J	0.5306	0.8075	0.6691	E	0.5716	0.9055	0.7385	S	0.5504	0.7805	0.6655
F	0.5449	0.7934	0.6691	J	0.6304	0.8508	0.7406	Q	0.5556	0.7804	0.6680
N	0.5298	0.8095	0.6696	D	0.5952	0.9321	0.7637	G	0.5630	0.7803	0.6717
M	0.5386	0.8071	0.6728	O	0.7090	0.8637	0.7864	L	0.5698	0.7815	0.6757
O	0.5394	0.8083	0.6738	S	0.7472	0.8537	0.8005	I	0.5902	0.7805	0.6853
Q	0.5705	0.7843	0.6774	R	0.7909	0.8274	0.8091	P	0.5990	0.7805	0.6898
G	0.5445	0.8106	0.6776	T	0.7107	0.9292	0.8199	U	0.7307	0.7810	0.7558
I	0.5611	0.8210	0.6910	M	0.9513	0.8310	0.8911	C	0.8308	0.7823	0.8066

表5-7　　　　　　　　中国制造业分行业产值比重　　　　　　单位：%

行业	2001年	2002年	2003年	2004年	2005年	2006年	2007年	2008年	2009年	2010年	2011年
B	12.33	11.20	11.00	11.00	10.14	9.29	9.33	9.03	9.17	9.60	10.34
C	7.13	6.89	6.69	6.50	6.07	5.91	5.82	5.58	5.30	4.85	4.79
D	3.21	3.07	3.09	2.98	2.69	2.28	2.28	2.24	2.15	2.14	2.18
E	1.89	1.80	1.87	1.84	1.79	1.58	1.59	1.51	1.46	1.33	1.34
F	0.88	0.88	0.88	0.85	0.78	0.79	0.84	0.88	1.00	1.09	1.20
G	0.50	0.50	0.52	0.54	0.57	0.66	0.66	0.69	0.69	0.70	0.72
H	2.09	2.13	2.15	2.13	1.98	1.92	1.91	1.83	1.79	1.78	1.72

行业	2001年	2002年	2003年	2004年	2005年	2006年	2007年	2008年	2009年	2010年	2011年
I	0.91	0.83	0.86	0.84	0.81	0.68	0.66	0.62	0.60	0.61	0.62
J	0.88	0.83	0.81	0.80	0.76	0.69	0.68	0.64	0.59	0.57	0.55
K	4.26	5.93	5.46	4.89	4.90	5.09	5.51	5.52	5.05	5.13	4.49
L	7.75	7.69	7.50	7.37	7.26	7.39	7.51	7.45	7.58	7.69	7.70
M	2.36	2.38	2.43	2.43	2.27	1.85	1.95	1.83	1.80	1.78	1.97
N	1.54	1.66	1.22	1.15	1.14	1.11	1.20	1.17	1.17	0.90	0.80
O	3.78	3.63	3.61	3.63	3.44	3.43	3.33	3.32	3.28	3.20	3.28
P	5.35	4.94	4.79	4.65	4.44	4.26	4.22	4.27	4.40	4.75	5.18
Q	6.45	6.33	6.79	6.63	7.86	9.67	9.86	9.25	9.53	10.13	8.90
R	2.82	2.92	2.82	2.65	2.80	3.42	3.64	4.71	5.10	4.75	4.29
S	3.49	3.40	3.40	3.36	3.03	2.94	3.01	3.11	3.24	3.41	3.36
T	31.32	31.93	33.02	34.66	36.24	35.98	34.93	35.27	34.98	34.42	35.33
U	1.06	1.06	1.07	1.11	1.07	1.05	1.07	1.08	1.15	1.18	1.23

注：制造业产值以1990年不变价格计算。

表 5—8　　　　　　中国制造业分行业从业人员比重　　　　　单位：%

行业	2001年	2002年	2003年	2004年	2005年	2006年	2007年	2008年	2009年	2010年	2011年
B	8.71	8.50	8.38	8.44	8.05	7.80	7.63	7.54	7.58	7.81	8.30
C	10.81	10.58	10.62	10.47	10.22	9.95	9.96	9.71	9.14	8.45	8.01
D	4.29	4.73	5.27	5.81	5.92	6.14	5.83	5.95	6.05	5.94	5.83
E	2.32	2.47	2.83	3.09	3.39	3.49	3.86	3.87	3.75	3.54	3.34
F	1.02	1.10	1.14	1.13	1.31	1.34	1.41	1.44	1.55	1.70	1.70
G	0.54	0.59	0.66	0.74	0.89	1.01	1.20	1.32	1.33	1.35	1.28
H	2.52	2.49	2.53	2.51	2.33	2.26	2.19	2.13	2.02	1.97	1.98
I	1.28	1.22	1.22	1.21	1.22	1.18	1.13	1.09	1.06	1.06	1.07
J	1.36	1.43	1.49	1.65	1.78	1.80	1.85	1.80	1.74	1.72	1.59

续表

行业	2001年	2002年	2003年	2004年	2005年	2006年	2007年	2008年	2009年	2010年	2011年
K	1.52	1.40	1.32	1.22	1.22	1.20	1.25	1.21	1.18	1.11	1.10
L	7.85	7.60	7.09	6.78	6.38	6.05	5.73	5.64	5.55	5.57	5.72
M	2.11	2.18	2.29	2.31	2.36	2.27	2.08	2.05	2.01	1.95	2.08
N	0.98	0.94	0.90	0.82	0.70	0.74	0.72	0.68	0.66	0.58	0.54
O	3.86	3.90	3.98	4.19	4.16	4.16	4.43	4.47	4.55	4.57	4.64
P	9.18	9.00	8.73	8.48	8.12	7.80	7.05	6.72	6.55	6.46	6.60
Q	5.86	5.74	5.55	5.23	5.24	5.01	4.85	4.67	4.45	4.06	4.19
R	2.29	2.32	2.43	2.24	2.18	2.22	2.20	2.16	2.28	2.40	2.31
S	3.51	3.56	3.67	3.80	3.51	3.67	3.76	3.91	3.99	4.24	4.14
T	27.73	28.05	27.57	27.64	28.90	29.81	30.74	31.47	32.56	33.64	33.81
U	2.28	2.21	2.35	2.23	2.11	2.10	2.12	2.14	2.00	1.86	1.78

注：从业人员为从业人员全年平均人数。

表5-9　　　　　中国制造业分行业碳强度　　单位：亿吨二氧化碳/万亿元

行业	1999年	2000年	2001年	2002年	2003年	2004年	2005年	2006年	2007年	2008年	2009年	2010年	2011年
B	1.6	1.2	0.9	0.9	0.7	0.7	0.6	0.5	0.4	0.4	0.3	0.4	0.3
C	1.3	1.1	0.9	0.9	0.8	0.8	0.6	0.5	0.5	0.5	0.4	0.4	0.3
D	0.4	0.3	0.2	0.3	0.2	0.3	0.2	0.2	0.2	0.1	0.1	0.1	0.1
E	0.3	0.3	0.3	0.2	0.2	0.2	0.2	0.2	0.1	0.1	0.1	0.1	0.1
F	1.8	1.2	1.1	1.0	1.0	1.1	0.8	0.6	0.5	0.3	0.4	0.3	0.3
G	0.6	0.5	0.5	0.4	0.3	0.2	0.2	0.1	0.1	0.1	0.1	0.1	0.1
H	3.8	3.2	2.4	2.4	2.1	2.2	1.9	1.6	1.3	1.0	1.4	1.4	1.2
I	0.7	0.7	0.6	0.5	0.4	0.2	0.3	0.3	0.2	0.4	0.2	0.2	0.1
J	0.4	0.3	0.3	15.6	0.2	0.2	0.1	0.1	0.1	0.1	0.2	0.2	0.2
K	15.6	10.6	9.9	9.1	9.1	8.0	6.8	5.5	5.2	1.4	5.0	6.5	6.3
L	9.1	8.0	6.3	5.0	5.9	4.9	4.4	3.9	3.3	2.4	2.8	4.6	4.3

行业	1999年	2000年	2001年	2002年	2003年	2004年	2005年	2006年	2007年	2008年	2009年	2010年	2011年
M	1.5	1.1	0.8	1.3	0.8	0.6	0.5	0.4	0.4	0.4	0.3	0.3	0.3
N	6.6	5.8	6.1	5.0	5.0	0.8	0.7	0.5	0.5	1.3	0.4	0.4	0.3
O	1.1	0.8	0.7	0.6	0.6	0.6	0.4	0.4	0.3	0.3	0.3	0.3	0.3
P	14.9	12.8	9.4	9.7	9.4	9.5	8.1	6.6	5.4	3.1	4.8	10.7	10.0
Q	18.8	16.0	13.1	13.1	13.0	7.8	8.3	8.0	6.9	2.1	7.0	6.2	5.8
R	3.2	2.4	1.8	1.9	1.8	1.4	1.2	0.8	0.3	0.8	0.8	0.8	0.8
S	1.2	0.8	0.8	0.9	0.7	0.5	0.5	0.4	0.3	0.2	0.3	0.3	0.3
T	0.6	0.5	0.3	0.3	0.3	0.2	0.2	0.2	0.2	0.1	0.2	0.2	0.2
U	3.3	2.3	2.2	1.5	1.3	1.0	0.6	0.5	0.4	0.6	0.4	0.4	0.4

（1）制造业的碳排放比重与产值比重关联度最强的4个子行业是印刷业、记录媒介的复制，家具制造业，黑色金属冶炼及压延加工业，橡胶和塑料制品业；关联度最低的是机械、电子、电子设备制造业，服装及其他纤维制品业，有色金属冶炼及压延加工业，纺织业。关联度最强的4个子行业的产值比重分别为0.70%、0.63%、8.36%、3.41%，分别排在制造业子行业产值比重的第8位、第20位、第3位和第9位；碳排放比重分别为0.11%、0.06%、32.61%、0.72%，分别排在第19位、第20位、第1位和第12位；碳强度分别为0.4亿吨二氧化碳/万亿元、0.3亿吨二氧化碳/万亿元、9.7亿吨二氧化碳/万亿元、0.5亿吨二氧化碳/万亿元，分别排在第16位、第17位、第1位和第15位。可以发现，对于产值比重的控制无论从哪个角度上看，黑色金属冶炼及压延加工业都是关联性最强的，产值比重，碳排放比重，及碳强度均排在制造业行业之首，需要严加控制。关联程度与碳强度没有太大关系，碳强度最小的印刷业、记录媒介的复制，家具制造业却保持着高关联性，这说明对于产值贡献度小、碳排放贡献度小的行业，应该更加重视其产业产值比重的波动情况，应该保持产值比重的稳态。

（2）制造业的碳排放比重与从业人员比重关联度最强的4个子行业是医药制造业，机械、电子、电子设备制造业，有色金属冶炼及压延加工业，金属制品业；最低的是纺织业，化学原料及化学品制品业，非金属矿物制品业，黑色金属冶炼及压延加业。关联度最强的 4 个子行业从业人员比重分别为 2.15%、31.05%、2.29%、3.83%，分别排在第 13 位、第 1 位、第 11 位和第 9 位。

（3）制造业的碳排放比重与产业结构失衡度关联度最强的 4 个子行业是纺织业，其他制造业，非金属矿物制品业，印刷业、记录媒介的复制；最低的是食品、饮料和烟草制造业，有色金属冶炼及压延加工业，造纸及纸制品业，文教体育用品制造业。关联度最强的 4 个子行业的失衡度分别为 0.0029、0.0013、0.0043、0.0004，分别排在制造业失衡度的第 10 位、第 12 位、第 5 位和第 19 位。关联度最强的行业中，非金属矿物制品业的失衡度最大，应该逐渐去除其不合理比重，保持产出的平衡。

5.6　小　　结

本章基于改进的失衡度法，研究了制造业及其细分行业 2001 ~ 2013 年制造业产业结构失衡度变动情况，碳排放变动情况以及二者之间的关系，说明制造业低碳化路径与制造业产业结构合理化调整是不冲突的，研究结论和政策含义均具有较为重要的现实意义。改进的失衡度法相比之前的计算方法，加入了技术要素对产业结构合理性的影响，计算结果更加合理可信。碳排放的测算采用了 IPCC 的参考方法，并利用细分化石能源分类与排放因子一一对应的方式进行测算，更加准确。基于两种方法的研究结果主要显示了以下两个结论：

（1）制造业的产业结构失衡度在 2001 ~ 2013 年呈现周期性倒 V 形且逐渐收敛的规律。两个阶段分别是 2001 ~ 2008 年，2008 ~ 2013 年。失衡度最大值点出现在 2004 年的 0.301，最小值点为 2013 年的 0.068。最后收敛趋于中间水平的 0.06。制造业的碳排放水平可以分为两个阶段，以 2007 年为分界点，前一阶段逐步攀升，后一阶段先降后升，至 2013 年排放达到 86 亿吨左右。

（2）制造业的低碳化与产业结构的合理化调整并不冲突，二者是共赢的。经过一系列检验发现，只有技术水平和产业结构失衡水平对碳强度产生了显著影响。技术水平为反向影响，产业结构失衡水平为正向影响。后一结论表明，产业结构在发展不足和过度发展两种失衡状态中，过度发展比发展不足更优，因为发展不足的碳强度要高于过度发展的碳强度。所以制造业的低碳化发展应重点鼓励支持发展不足产业，使其向合理化状态逼近。

（3）制造业的碳排放比重与产值比重的关联度最强的 4 个子行业是印刷业、记录媒介的复制，家具制造业，黑色金属冶炼及压延加工业，橡胶和塑料制品业；关联度最低的是机械、电子、电子设备制造业，服装及其他纤维制品业，有色金属冶炼及压延加工业，纺织业。制造业的碳排放比重与从业人员比重关联度最强的 4 个子行业是医药制造业，机械、电子、电子设备制造业，有色金属冶炼及压延加工业，金属制品业；最低的是纺织业，化学原料及化学品制品业，非金属矿物制品业，黑色金属冶炼及压延加业。制造业的碳排放比重与产业结构失衡度关联度最强的 4 个子行业是纺织业，其他制造业，非金属矿物制品业，印刷业、记录媒介的复制；最低的是食品、饮料和烟草制造业，有色金属冶炼及压延加工业，造纸及纸制品业，文教体育用品制造业。

针对实证结果，本书提出制造业产业结构调整的政策建议。一是对石油加工及炼焦业、化学原料及化学制品业、黑色金属冶炼及压延加工业应注意保持其合理发展速度，适当控制其过度发展。二是除前述三个过度发展产业外的制造业 17 个细分行业属于发展不足产业，应鼓励支持发展，尤其要重点发展单纯劳动型产业中的木藤加工及竹、藤、棕、草制品业和家具制造业两类完全发展不足产业。可以看出，制造业的低碳化产业调整的空间很大，应该成为工业乃至整个经济中产业调整的重点行业。

第6章 中国碳排放预测及减排目标实现

本章根据前定的三驱动模型，展开实证分析，检验碳排放的驱动效应。从理论上来讲，继内生增长模型诞生以来，如何将碳排放等环境影响的重要变量进行嵌入成为学界研究的重要问题。近年来对于这项工作出现了许多研究，本书提出的三驱动效应提供了一个新的视角。三驱动效应不仅涵盖了以往经验研究中的关键重要变量，而且在理论框架中得到证明。从实证上来说，碳排放的驱动效应正负如何？大小几何？对于未来的碳排放预测能够起到多大的作用？对于我国碳排放约束主要目标的实现存在什么影响机制？这些重要问题都在本书的实证部分得到讨论。

6.1 引　　言

碳排放约束目标的顺利实现有赖于碳排放增长的主要驱动力带来的效应研究。由于理论的形成往往要以大量的经验研究作为基础，所以经验研究较早的展开。埃利希和霍顿（Ehrlich & Holdren，1971）将碳排放的影响因素总结为人口、财富、技术三类，即为 IPAT 模型。迪茨和罗绍（Dietz & Rosa，1997）又进一步将该模型改进为 STIRPAT 模型，从数据可获取上和分解的合理性上都有了很大的提升。与之相对应，Kaya 恒等式则为另外一种碳排放影响因素的分解方式。Kaya 恒等式由日本学者茅阳一（Kaya）于 1989 年首次提出，因而得名。Kaya 恒等式，是将碳排放分解为能源碳强度、能源强度、人均 GDP、总人口 4 个因素。Kaya 恒等式的出现较为完整地涵盖了碳排放的主要影响因素，根据该方法的碳排放经验研究开始较为广泛地出现。在经验研究过程中，最为广泛得到研究和争议的为碳排放 EKC。这一问题在本书的第 4 章已经进行了详细讨论，并且得到了"异质性难题"化解后的重要结论。碳排放 EKC 的广泛研究主要源于以碳排放为主要代表污染物的温室气体排放与经济增长之间的关系处理、矛盾解决将关系到人类经济社会生态的可持续发展。

本书的三驱动模型丰富了碳排放效应的理论研究内容，第 4 章、第 5 章在三驱动模型的基础上讨论了经济增长、产业结构变动的碳排放效应，并将技术进步的碳排放效应的研究贯穿其中。而在碳排放双约束目标日益清晰和具体的背景下，对我国碳排放水平及减排目标的实现度进行预测，便变得具有非常重要的现实指导价值与意义。本章通过对三驱动效应进行综合分析，加入三驱动的互动效应分析，检验碳排放与三驱动变量的长期均衡关系，得到我国碳排放约束目标的实现条件，并对我国的碳管制政策制定及执行提供了针对性启示。

6.2 数据与模型构建

6.2.1 数据

本书所使用数据主要有两个来源。数据来源之一是二氧化碳信息分析中心（Carbon Dioxide Information Analysis Center，CDIAC），获取了 1978~2013 年我国二氧化碳排放总体数据。数据来源之二是中经网数据库，获取了除二氧化碳之外的数据。数据处理中，将 GDP 按照 1978 年不变价格进行平减，以保证前后数据的可比性。样本区间为 1978~2013 年，计量分析软件采用 Stata 12.0。

6.2.2 模型构建

根据式（2-23），可以将二氧化碳排放的主要核心影响变量划分为经济发展水平（经济增长）、能源强度（技术进步）、产业结构服务化（结构）、产业结构偏离度（结构）。由此，可以将碳排放的计量公式写为：

$$e_t = \alpha + \beta_1 y_t + \beta_2 ei_t + \beta_3 ee_t + \beta_4 iu_t + \beta_5 tl_t + X_t\theta + \varepsilon_t \qquad (6-1)$$

其中，e_t 为二氧化碳排放量，y_t 为人均 GDP，ei_t 为能源强度，ee_t 为能源碳强度，iu_t 为产业结构调整的服务化水平，tl_t 为衡量产业结构偏离度的改进的泰尔指数，X_t 代表控制变量，ε_t 代表随机误差项。

碳排放 EKC 已为诸多研究所证实，包括本书在第 4 章的研究。所以本章的研究模型也加入经济增长的二次项，将三驱动的关系置于碳排放 EKC 的框架下考察，模型可以改进为：

$$e_t = \alpha + \beta_{1a} y_t^2 + \beta_{1b} y_t + \beta_2 ei_t + \beta_3 ee_t + \beta_4 iu_t + \beta_5 tl_t + X_t\theta + \varepsilon_t \qquad (6-2)$$

为更好地阐释经济意义，在具体的实证回归中对相关变量进行对数化处理。

6.2.3 核心变量

本书被解释变量为二氧化碳排放量。解释变量中主要包括 5 个核心变量，分别为人均 GDP、能源强度、能源碳强度、产业结构服务化水平、产业结构偏离度。其中，人均 GDP 对应理论分析中的经济增长效应，能源强度和能源碳强度对应技术进步效应，产业结构服务化水平、产业结构偏离度对应结构效应。

人均 GDP 是目前划分国家发展水平的重要指标，我们选择人均 GDP 作为经济增长的代理变量，这种处理在现有研究中较为普遍，争议较小（李锴、齐绍洲，2011；林伯强、刘希颖，2010）。技术水平的代理变量选择较为广泛，主要包括全要素生产率（陈诗一，2010），能源强度，能源碳强度，研发经费支出占 GDP 比重（李锴、齐绍洲，2011）。其中，能源强度与能源碳强度在 Kaya 恒等式、IPAT 模型系列等经验研究重要范式中均被作为举足轻重的一部分，且在诸多文献中也将其作为技术进步的代理变量，本书同样将二者作为技术进步的代理变量。能源强度表示单位产出的能源消耗，水平值越低，代表技术水平越高，生产越节能低耗；能源碳强度表示单位能源的碳排放水平，主要表示能源结构变化、能源利用技术变化，水平值越低，表明能源利用技术水平越高，能源结构的低碳性能越好。

结构水平的代理变量目前为止没有相对统一的标准。就本书而言，结构效应的内涵更加偏向污染部门与清洁部门的结构，部门投入品的结构（劳动、资本、技术）。已有研究中的一些常用变量对本书的研究一致性或产生影响，比如常用变量包括工业比重、能源结构（李锴，齐绍洲，2011）。在本书的研究中两个代理变量与碳排放的关系或将出现结论与经验不符的情形。一是本书是在存有技术进步的理论框架下研究碳排放的变动，即企业存在干中学行为。在同一工业比重下，工业内部技术水平的提高将导致碳排放速率或者水平下降，无法得出工业比重与碳排放同步增加的经验结论。二是我国在改革开放之后，尤其是在 20 世纪 90 年代初确立社会主义市场基本经济制度以来，第三产业迅速兴起，及至 2015 年已经超过 50%。相比较之下，工业比重却在不断下降。目前，我国碳排放拐点尚未到来，样本期间碳排放是不断增加的，这同样会扭曲研究结论。另外，能源结构中一般采用碳排放系数最大的煤炭消费比重来作为代理变量。实际上，我国的煤炭消费比例自 1990 年以来便开始出现持续下降，同时天然气比例持续上升。然而，煤炭仍然是我国能源结构中的主要能源的事实短期之内无法得到改变，因此能源结构对二氧化碳排放的降低作用较小，如陈诗一等（2010）的研究结论一样。因此，本书认为工业比重与能源结构所得结论将存有较大概率与经验分析不一致，但为辅助分析，实证分析部分模型中仍然分析这两个变量，以进行参照。

产业结构的变动趋势可以分为合理化与高级化两个维度（干春晖等，2011）。产业结构合理化主要从产业发展间的协调程度及要素利用效率两个角度来界定，而高级化则更多表示为产业结构升级。产业结构合理化的衡量公式主要有产业结构偏离度、泰尔指数和失衡度法。受数据所限，本书仅能采用产业结构偏离度和泰尔指数来进行估计。干春晖等（2011）提出改进的泰尔指数法（tl），较好地保留了结构偏离度的理论基础和经济含义。同时，劳动的投入水平在不同行业间的分配，可以较好地描述主要资源的配置优化程度，同时也包含研发人员这一重要群体的流动。高级化的测量同样采用干春晖等（2011）提出的第三产业与第二产业产值之比（iu）进行衡量。本章将产业高级化这一维度命名为产业结构服务化水平，以更好服务本书研究的问题。近年来，我国的服务业飞速发展，目前已经超过工业水平，我国经济开始从重型化开始向轻型化过渡。而长期以来，工业尤其是制造业是碳排放的主要行业

（涂正革，2012），可以视为污染部门。而服务业的碳排放水平相对很低，其中的旅游业甚至被冠之以"无烟产业"的美誉。毫无疑问，服务业可以视为清洁部门。那么，在工业比重逐渐下降，服务业比重逐渐上升的事实下，碳排放的总效应是什么？技术效应、经济增长效应与该效应的传导机制是什么？iu 的加入将较好地解答这些问题。

6.2.4　控制变量

为进一步保证研究的稳健性，将其他二氧化碳排放的可能影响因素尽可能加入实证分析，通过多次控制，多个模型多维展现三驱动的效应方向大小。本书根据已有研究，主要选取城市化、水泥产量、贸易开放水平。

城市化对碳排放的影响机制主要是：城市化水平的提高，将刺激固定资产投资，尤其是房地产投资，进而带动相关上游行业生产发展，增加能源消耗，提高碳排放。从影响机理来看，城市化对碳排放应该存在促进作用，即正向影响。林伯强和刘希颖（2010）分析并验证了该假设。李锴和齐绍洲（2011）同样在研究省际碳排放问题时也加入了该变量。与此同时，水泥产量作为碳排放的重要产生来源也被加入。根据林伯强和刘希颖（2010）的分析，水泥产量造成的碳排放接近碳排放总量的 10%。

贸易开放水平对碳排放的影响主要源自 PHH 假说。贸易开放水平代理变量主要包括净出口消费指数、进出口贸易额占 GDP 比重等，其中净出口消费指数是由蒙格理等（Mongelli et al.，2006）提出，更多偏向出口量的测度。净出口消费指数的计算公式为：

$$eci_t = \frac{X_t - M_t}{C_t} \qquad (6-3)$$

其中 $C_t = P_t - (X_t - M_t)$，eci 代表出口消费指数，X、M、P、C 分别代表一国的出口、进口、产出、消费。在目前以"生产者"原则为核算基础的情况下，净出口为由于国外消费而令本国增加的碳排放。值得注意的是，进出口贸易总额占 GDP 比重衡量的贸易开放水平在诸多研究中出现（李小平、卢现祥，2010），但这些研究均建立在国别或行业面板研究的基础之上，不适合本书的时间序列。因此，净出口消费指数更加符合本书的研究。

6.3 实 证 结 果

6.3.1 三驱动因素的碳排放效应回归结果

模型 1 到模型 8 均采用 OLS 方法进行回归。模型 1 是对经济增长、技术进步和产业结构变动三驱动主要解释变量的回归，主要考察我国改革开放后二氧化碳排放的三驱动力量对比。结果显示，三者均对二氧化碳排放呈现显著影响。其中，经济增长与碳排放呈现倒 U 形关系，这与已有大量研究的碳排放 EKC 曲线结论一致，也表明我国的二氧化碳排放存在拐点。能源强度和能源碳强度均为正向影响，表明技术效应对二氧化碳排放的影响为负，即技术效应越高，二氧化碳排放水平越低。产业结构的服务化程度呈现显著正向影响，而产业结构的偏离度则并不显著。模型 2 为采用工业比重与煤炭消费比例两个代理变量进行的三驱动分析，发现经济增长与技术进步的二氧化碳排放效应与模型 1 类似。工业比重与煤炭消费比例均对二氧化碳排放产生显著负向影响，这与前述模型设定中预先分析较为一致。由于我国的结构服务化迅速攀升，工业化发展的结构效应体现不明显。同样，以煤炭为主的消费结构短期无法改变，导致煤炭的结构效应对二氧化碳排放不存在作用，且存有继续助推发展的态势。

为强化模型检验的稳健性，模型 3 至模型 5 为逐渐加入主要控制变量。模型 3 为加入出口消费指数后的回归分析。结果显示：三驱动的效应方向、大小均与模型 1、模型 2 类似；新加入的出口消费指数对二氧化碳排放产生显著正向影响，即外贸中出口水平的增加促进了我国的二氧化碳排放，这验证了 PHH 假说。这一研究结论与李小平和卢现祥（2010）较为类似。模型 4 继续加入控制变量城市化水平，其他系数均与前面的模型接近。城市化水平系数对碳排放产生正向影响，但并不显著。模型 5 继续加入控制变量水泥产量，发现模型系数出现了一定变动，且碳排放与经济增长的非线性关系消失，而出口消费指数、城市化水平、水泥产量均显著。考虑到城市化水平与水泥产量的相关关系，或存有城市化与水泥产量序列相关，导致模型 5 出现偏误。

　　为检验三驱动的内在关系和传导机制，模型 6 至模型 8 为逐一检验加入三驱动的交互项。其中能源碳强度对技术进步的指代性较好，所以技术进步采用该指标（余东华、张明志，2016）。产业结构服务化水平在前面模型中系数显著，所以产业结构变动采用该指标。模型 6 加入经济增长与技术进步的交互项，发现除能源碳强度外，其余系数均与前面模型分析的结果接近。交互项系数为正，表明经济增长与技术进步在同方向变动时对二氧化碳排放产生正向影响。这表明，目前的技术进步带来的碳排放降低水平无法冲抵经济增长带来的碳排放上升水平，故二者同增情况下产生了正向碳排放效应。模型 7 加入经济增长与产业结构服务化水平交互项，发现产业结构服务化系数方向变为负数，且交互项系数为正，其他系数与前面模型估计结果接近。这表明，经济增长与产业结构服务化同向增长产生了正向碳排放效应，而产业结构服务化系数为负说明了产业结构变动与经济增长的共同效应抽离之后，服务化提高水平将降低碳排放，即产业重工业化提高了碳排放。交互项系数为正也解释了前文模型分析时关于产业结构服务化程度提升将推进碳排放的结论，这是由于产业结构服务化推动了经济增长，带动了碳排放增加，这可能是现阶段我国产业结构服务化与碳排放之间的主要传导机制。模型 8 加入了技术进步与产业结构服务化的交互项，发现变量系数与前面模型估计结果接近。交互项系数为正，说明产业结构服务化与技术进步同增情况的碳排放效应为正。这表明技术进步的碳排放负效应无法充分吸收产业结构服务化的碳排放正效应。而产业结构服务化存有负向的直接效应和通过对经济增长传递正向的间接效应，所以这同样验证了技术进步无法冲抵经济增长带来碳排放的结论。因变量为二氧化碳排放自然对数的实证结果，如表 6 - 1 所示。

表 6 - 1　　　　　因变量为二氧化碳排放自然对数的实证结果

变量	模型 1	模型 2	模型 3	模型 4	模型 5	模型 6	模型 7
lny	1.684 *** (24.15)	1.922 *** (25.24)	1.584 *** (24.88)	1.537 *** (20.73)	0.857 *** (10.87)	0.844 *** (5.92)	1.958 *** (10.49)
$(lny)^2$	−0.039 *** (−9.72)	−0.052 *** (−12.59)	−0.034 *** (−9.36)	−0.032 *** (−8.50)	−0.000 (−0.09)	−0.035 *** (−12.69)	−0.058 *** (−5.24)

变量	模型1	模型2	模型3	模型4	模型5	模型6	模型7
lnee	1.038 *** (16.43)	1.069 *** (22.20)	1.122 *** (19.66)	1.176 *** (16.38)	0.100 *** (25.80)	−0.739 * (−2.00)	1.224 *** (17.73)
lnei	0.992 *** (31.47)	1.110 *** (23.82)	0.965 *** (35.59)	0.970 *** (35.73)	0.938 *** (70.32)	1.017 *** (47.70)	1.023 *** (30.79)
lniu	0.044 * (1.89)		0.078 *** (3.66)	0.065 ** (2.77)	0.051 *** (4.47)	0.060 *** (3.55)	−0.614 ** (−2.18)
lntl	0.003 (0.16)		0.014 (0.92)	0.022 (1.34)	0.011 (1.35)	0.006 (0.54)	0.006 (0.40)
lnm		−0.153 *** (−3.13)					
lns		−0.324 *** (−3.06)					
lneci			0.334 *** (3.75)	0.342 *** (3.85)	0.236 *** (5.42)	0.345 *** (5.47)	0.339 *** (4.15)
lnu				0.088 (1.21)	0.119 *** (3.40)	0.039 (0.74)	0.066 (0.97)
lnce					0.149 *** (9.64)		
lny × lnee						0.239 *** (5.23)	
lny × lniu							0.102 * (2.42)
lnee × lniu							
_cons	−0.489 (−1.10)	0.059 (0.14)	−0.276 (−0.74)	−0.531 (−1.24)	1.651 *** (5.43)	5.346 *** (4.59)	−2.370 (−2.77)
Adj. R^2	0.9997	0.9998	0.9998	0.9998	1.0000	0.9999	0.9998
F	18530.35 (0.00)	23353.17 (0.00)	23036.82 (0.00)	20489.06 (0.00)	80244.19 (0.00)	35964.57 (0.00)	21495.87 (0.00)

注：*、**、***分别代表变量回归系数在10%、5%、1%水平下通过显著性检验，括号内为 t 值。

6.3.2　长期均衡关系

由于在协整分析中，要考虑到变量是否属于指数增长，而决定是否取对数。观察发现，碳排放、人均 GDP、水泥产量接近指数增长，而其他变量不存在，故仅对该三变量取对数，其余采取原序列。根据表 6 - 2 可以发现，二氧化碳排放与经济增长，经济增长的二次项，能源强度，出口消费指数和水泥产量均为一阶单整 I（1），可以进一步考察其协整关系。产业结构均非 I（1），所以也就不构成与碳排放形成长期均衡关系的检验条件。

表 6 - 2　　　　　　　　各变量 DF - GLS 检验 I（1）检验结果

变量	lne	lny	（lny）²	ei	eci	lnce
t 值	- 3.190	- 3.615	- 3.438	- 3.743	- 3.969	- 3.642

注：t 值均为一阶滞后的结果，根据序贯 t 准则（Ng - Perron seq t）下的滞后阶数均无法拒绝"存在单位根"假设，限于篇幅，仅报告滞后一阶结果，其余结果整理备索。

6.3.3　协整方程检验

协整关系表示的是变量与变量之间存在的长期均衡关系。恩格尔和格兰杰（Engle & Granger，1987）提出，可以对回归方程的残差项进行检验，如果残差项是平稳的，就可以认定存在协整关系，通过模型回归可以得到协整方程。约翰森和尤赛柳斯（Johansen & Juselius，1988，1990）进一步地提出可以利用回归系数对协整关系进行检验。本书利用约翰森（Johansen）协整检验方法对与我国碳排放存在长期均衡关系的变量进行协整检验。首先，对符合 I（1）的各变量进行作图，以观察变动趋势在长期中是否存在均衡的可能。其中，为保证数量级一致，方便比较，对部分变量进行处理，具体可见图 6 - 1 备注。

从图 6 - 1 可以发现，二氧化碳排放自然对数仅与人均 GDP 对数、水泥产量对数的趋势接近。借助 Johansen 协整检验方法，根据"最大特征值统计量"（Maximum Eigen Value Statistics）的检验结果，可以看出，在 5% 的水平上拒绝"协整秩为 0"的原假设，但无法拒绝"协整秩为 1"

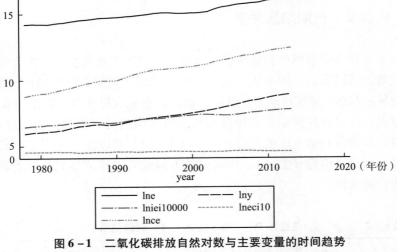

图 6 – 1   二氧化碳排放自然对数与主要变量的时间趋势

注：为保证能源强度、出口消费指数与碳排放的自然对数处于同一数量级，且方向一致，直观反映技术水平变化，特定义 lniei10000 = ln(10000/ei)，leci10 = ln(eci × 10)。

的原假设，如表 6 – 3 所示。这表明，检验变量之间只有一个线性无关的协整向量。在该系统下，对应 VAR 表示法的滞后阶数采用常用的 AIC 准则，如表 6 – 4 所示。AIC 滞后阶数为 4。

表 6 – 3 　　　　　　　　　协整秩迹检验结果

协整秩	迹统计量	5% 显著值
0	30. 1972	23. 78
1	14. 8985	16. 87

表 6 – 4 　　　　　　　　　VAR 表示法的滞后阶数确定

滞后阶数	AIC	HQIC	SBIC
0	– 1. 13858	– 1. 07785	– 0. 955367
1	– 13. 4728	– 13. 1692	– 12. 5567
2	– 14. 2446	– 13. 698	– 12. 5956 *
3	– 14. 3483	– 13. 5588	– 11. 9665
4	– 15. 0044 *	– 13. 972 *	– 11. 8897

注：* 表示最优阶数。

通过约翰森的 MLE 估计方法，得到在5%的显著性水平下，各变量之间存在一个协整关系。协整方程如下（括号为标准误，下同）：

$$\text{lne} = -7.2173 + 2.0675\text{lny} - 0.0875(\text{lny})^2 - 0.1753\text{lnce} \quad (6-4)$$
$$(1.0262) \quad\quad (0.0522) \quad\quad\quad (0.2210)$$

从式（6-4）可以发现，水泥自然对数的系数为负，与预期方向不符。经济增长系数与前面 OLS 回归结果相近。通过对 VECM 系统的稳定性检验发现，如图6-2所示，除 VECM 本身所假定的单位根之外，伴随矩阵的所有特征值均落在单位圆内，因此系统是稳定的。对于该结论，可以解释为：三驱动中存在预测功能的仅包括经济增长，产业结构变动与技术进步对碳排放形成显著影响，但不具备长期的预测功能。水泥产量系数不符合经验分析，且并不显著，所以进一步剔除水泥产量，仅保留经济增长及其二次项，得到新的协整方程：

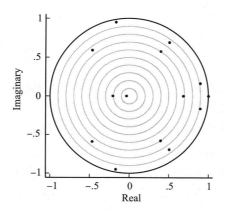

图6-2　VECM 系统稳定性的判别

$$\text{lne} = 6.8705 + 1.8103\text{lny} - 0.0869(\text{lny})^2 \quad (6-5)$$
$$(0.4685) \quad\quad (0.0360)$$

从式（6-5）来看，回归系数符合倒 U 形的经验规律。从另外一个角度来看，经济增长由于宏观经济系统的短期稳定性，预测较为准确可靠，而产业结构与技术进步却因受到更加微观因素的影响而难以预测准确合理。根据式（6-5）可以计算得出，碳排放峰值出现在人均 GDP 为33389.45元的时间点上，二氧化碳峰值为119.77亿吨。而对于我国2030年碳排放峰值的总量约束目标的实现有赖于经济的不同发展情景，下面将进行情景分析。

6.3.4 碳排放约束目标的实现条件

情景分析是一种根据所预测指标值设定不同的倾向情景对某一现象进行分析的方法。倾向情景一般可以分为积极情景、消极情景、基准情景三种。对于合意性产出而言，预测指标值越高则该情景越偏于积极；反之，对于非合意产出而言，指标值越低越积极。碳排放作为一种非合意产出，应将其积极情景设定为增速较慢情景，消极情景设定为增速较快情景。然而，由于碳排放存在多种约束目标，不同目标的情景不具备同一性。比如碳排放绝对值高的情景或许是碳强度低的情景（因为GDP 水平更高），所以将三种情景命名为高速情景、低速情景和基准情景。为准确预测我国的碳排放水平，首先应对协整方程中的经济增长进行准确预测和赋值。

根据中共中央"十三五"规划建议中提出的"经济保持中高速增长"的要求，2020 年 GDP 比 2010 年翻一番，结合林伯强和刘希颖（2010）、刘世锦（2014）、闫坤等（2015）的相关研究，我们预测中国2016～2020 年 GDP 平均增速为 6.5%，2020～2030 年平均增速为5.5%，2030 年 GDP 将达到 270792.7 亿元（1978 年不变价格）。考虑到中国全面放开二胎政策，并结合国家卫生计生委的研究，2029 年中国人口将达到峰值，接近 14.5 亿人；2015～2025 年，中国人口年均增速将保持在 7.8‰左右，2025 年人口将达到 144435 万人。GDP 的高速情景和低速情景分别按浮动 1 百分点进行测算，人口变动较为稳定，保持在 7.8‰。二者共同构成人均 GDP 不同情景下的变动速率。

如表 6-5 所示，在三种情景下，2030 年二氧化碳排放的预测均在112 亿～117 亿吨之间，相差不大。如果不加任何碳管制措施，在三种情景下中国碳排放峰值的约束目标都面临着较大的实现难度。在高速情景下，人均 GDP 在 2030 年将达到 19514.19 亿元，最为接近拐点值。而如果将 2030 年后的经济增速保持在 2020～2030 年 10 年间的速度，峰值将出现在 2039 年，人均 GDP 为 42889.97 亿元（2038 年为 30349.57 亿元，之后超过拐点，开始下降）。所以，三种不同的情景下，碳排放峰值的目标实现均存在缺口，需要配合适当的碳管制措施，如图 6-3 所示。

表 6 - 5　　　　　　　　　　　　中国碳排放水平预测

情景	增长率设定			年均增速（%）	2030年排放总量（亿吨）	相比2005年碳强度下降幅度（%）	
	GDP（%）		人口（‰）				
	2016~2020	2021~2030				2020	2030
高速情景	7.5	6.5	7.8	0.96	116.81	53	73
基准情景	6.5	5.5	7.8	0.90	115.53	52	70
低速情景	5.5	4.5	7.8	0.75	112.91	49	65

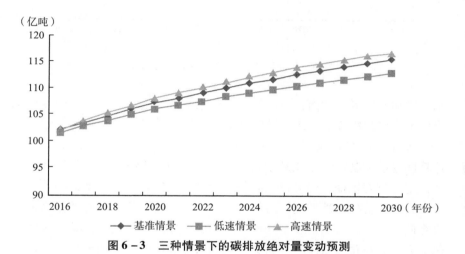

图 6 - 3　三种情景下的碳排放绝对量变动预测

　　相比碳排放峰值的约束目标，碳强度约束目标的实现将更加乐观，如表 6 - 5 和图 6 - 4 所示。根据国家设定的 2020 年和 2030 年碳强度约束目标，2020 年碳排放强度比 2005 年下降 40% ~ 45%，2030 年下降 60% ~ 65%。而在三种情景下，该目标均能够超额实现。其中，在高速情景下，碳强度下降幅度最大。

　　由以上分析可以看出，无论是碳排放峰值目标，还是碳强度约束目标，更高的经济发展速度将更有利于二者的实现，即两者的实现路径具有同一性。值得注意的是，碳排放峰值目标随着经济增长速度的提高而提前，而碳排放绝对量在这个过程中会增加，二者看似矛盾，实则是相统一的。本书的实证研究符合碳排放 EKC 的研究框架，即假定碳排放与经济增长存在非线性关系。经济增长速度的加快一方面会导致碳排放

（千吨/亿元）

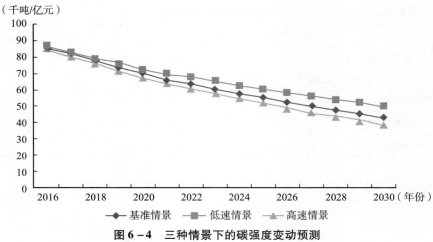

图 6 - 4   三种情景下的碳强度变动预测

水平增加，而另一方面，经济的发展带来的技术进步、产业结构优化又将使碳排放强度逐渐下降，且经济增速越快，碳强度下降越快，正如图6－4所示。碳排放绝对量的大幅提高，会带来环境质量的快速下降，这将倒逼政策制定者强化环境规制，而这恰恰是倒 U 形碳排放 EKC 发生作用的重要机理。污染投入品与清洁投入品的替代性程度，随着环境规制趋紧，替代弹性的提高将促进结构效应提高，结构效应的提高进一步降低碳排放。所以，在未来一定时期内，经济增长仍然是碳减排的原驱动力，而强化碳管制将成为碳排放绝对量和碳强度双约束目标共同实现的必然选择。

6.3.5   碳管制政策启示

前文提到，仅仅靠经济增长规律的自我调节很难实现碳排放峰值在2030 年前出现的目标，碳管制应成为重要且必要的配套政策工具。然而，我国的碳排放规制强度逐渐增强，碳排放权交易市场发展日益成熟，因碳管制而下降的碳减排份额并没有被考虑在内。其中，碳排放权交易市场的形成完善将对企业生产节能技术的提高起到刺激作用。自2012 年以来，7 省（区市）的碳排放交易试点工作逐步展开，截至2014 年 6 月 19 日，7 个碳排放权交易试点全部开始交易，而其中尤以广东规模最大，成为仅次于欧盟、韩国的全球第三大碳交易市场。

　　碳排放权交易市场的形成发展将主要通过两个渠道降低碳排放。一是促使企业主动减排。碳排放将增加企业的运营成本，这将直接倒逼企业减少生产，减少碳排放。二是促使企业强化研发，提高生产节能技术，减少碳排放。技术水平的提高将保证企业在产量不减少的情况下，减少碳排放，在减排的同时保证产品的市场份额和市场竞争力。最终的结果是，市场将选择技术研发水平高、成本低的企业，而技术研发水平低、成本高的企业将购买技术水平高、成本低的企业的碳排放份额，进而达到社会的节能减排成本最低、效果最好。在本书的分析框架下，碳排放作为影响环境质量的重要变量，也将作为企业家偏好的重要影响因素。在生产函数中，随着碳税的提高，替代弹性会进一步提高，即清洁投入品对污染投入品的替代性程度加大。在投入品充分可替代的情况下，可持续长期增长是可以通过鼓励污染行业研发创新和对其生产短暂征税实现（Acemoglu et al.，2009）。这同样证明，碳排放权交易市场的运行不仅将大大降低碳排放，而且可以实现经济增长与低碳化发展的共赢。

　　在具体实施上，可以采取碳排放权交易市场先行、碳税跟进的搭配策略。一方面，碳排放权交易市场的成熟发展，是推动技术进步这一减排驱动力发挥更大作用的必要条件。碳排放权交易市场的发展方向是，不断强化省际互联，完善竞价体系，推动形成全国性的统一有效的碳排放权交易市场。碳定价的市场化可以促进市场交易的活跃，保证企业决策社会成本最小化。另一方面，适时征收碳税，采取低税率起步、逐步提高的策略，可以有效控制碳排放。循序渐进地征收碳税既可以减少经济冲击，又为消费者和生产者提供低碳消费的调整时间（姚昕、刘希颖，2010）。在本书的三驱动框架下，碳税的征收可以作用于结构效应，并通过结构效应与经济增长和技术进步的互动最终形成碳减排效应。碳税的征收，可以增大清洁投入品对污染投入品的替代，进而放大结构效应，削减碳排放。这一结果将扭转产业结构服务化无法削减碳排放的事实，实现产业结构升级与碳减排的共赢。另外，技术进步形成的碳排放下降有更大可能冲抵产业结构服务化及经济增长带来的碳排放上升，从而形成经济增长、技术进步、产业结构变动三驱动的碳减排效应，促使碳排放水平逐渐下降。

　　在2030年前达到碳排放峰值目标实现上，可以采用碳排放权交易市场贯穿减排、碳税政策压力减排、最后五年兜底减排三大措施相结合的实现路径。第一步，通过逐步成熟的碳排放权交易市场，实现碳排放绝对量增加的速度放慢，这一步骤贯穿减排的所有时间段。第二步，至 2020 年前后，碳排放权交易市场在全国推广成熟，开始实行碳税政策，进一步推动交易市场的成熟发展，并持续放慢碳排放绝对量上升。第三步，至 2026 年，严格控制碳排放绝对量的增加，从年度核算控制到季度核算控制，逐步实现碳排放绝对量的微涨或微调，循序引导国民经济在碳排放绝对量微涨或微调下实现良性发展。由此可见，在我国碳排放权交易市场、碳税及其他碳管制措施多管齐下的政策背景下，2030 年前出现碳排放峰值的目标是完全可以达成的。

6.4 小　　结

传统的碳排放驱动力研究主要集中在经济增长与技术进步上，而忽略了对产业结构变动的理论研究和实证分析。本章在前文理论分析的基础上，实证检验了经济增长、技术进步和产业结构变动的碳排放综合效应和互动效应。实证分析结果表明，产业结构服务化水平的提高没有带来碳排放绝对量的下降，经济增长显著促进了碳排放增加，而技术进步显著降低了碳排放。本书证实了三驱动互动影响的方向和大小，技术进步带来的碳排放下降无法冲抵经济增长带来的碳排放上升，二者的共同效应表现为正向碳排放效应；产业结构服务化与经济增长的共同效应抽离之后，产业结构服务化水平提高降低了碳排放水平；产业结构服务化与技术进步同增长情况下的碳排放效应为正。另外，本书还证实了三驱动力量中只有经济增长与二氧化碳排放存在长期均衡关系，因而可利用经济增长速度差异设置了三种情景对中国未来碳排放进行预测分析。分析结果显示，碳强度约束目标在三种经济增速情况下均可实现，碳排放峰值目标的实现则需借助一定的碳管制措施。

本书的研究对于我国的碳减排进程具有一定的启发意义。碳排放的产业结构变动效应是客观存在的，但在不同阶段的表现会有所不同。产业结构服务化水平越高碳排放水平就越低的观点是一个误区。一味追求第三产业的盲目发展，缩小工业份额并不是可持续减排的良好路径；技术进步是推动产业结构优化与实现碳减排目标的理想路径。进入"十三五"，碳排放权交易市场的顺利展开、其他碳管制措施的有效实施是碳排放峰值实现时间提前的必要条件。相比较之下，碳强度目标的实现会更加容易，碳管制政策的焦点应迅速从碳强度约束转向碳排放绝对量约束上来。

第7章 经济增长与产业结构变动视角下的碳减排路径与产业选择

当前，国际形势发生深刻变化，生产模式展现多元形态，科技创新呈现持续推进。森德勒（2014）提出，人类已经进入第四次工业革命，即为工业4.0。为避免混淆，方便区分，余东华等（2015）将工业4.0和工业3.0（信息化时代）并称为新工业革命。新一代信息技术融合与制造业深度融合，触发产业变革机关，推动新型经济增长。创新驱动能力持续提升，诸多技术领域得到突破，逐步形成以3D打印、移动互联网、云计算、大数据、生物工程、新能源、新材料为代表的新型技术领域，掌舵经济新增长。制造方式逐步转变、转型、转折，价值链条持续重塑、重构、重接，制造领域不断扩展、扩大、扩充。以美国为代表的西方国家制定各种战略规划，实施诸多转型措施，力促制造业出现新增长、快增长、稳增长，刺激经济链条延长，推动经济模式转型，带动经济结构优化。如美国制定出台了"再工业化战略"等战略，德国拟订实施"工业4.0"等规划，日本着手实行"制造业再兴战略"等战略，韩国制定出台了"制造业新增长动力战略"等战略，法国详细提出了"新工业法国战略"。另外，还有包括印度、巴西等国在内的新兴国家也制定出台实施了相应的制造强国战略、规划和政策，推动制造业转型，带动经济体增效。在新工业革命国际背景下，在制造业高质量发展的国内环境中，产业结构调整的机理、逻辑、内涵应更加顺应国际、国内"两个形势"，从而将制造业碳减排工作与制造强国、制造兴国紧密联系起来，使我国尽快跻身世界制造强国之林。

7.1 新时期碳减排内涵

近年来，我国政府提出了具体的低碳发展目标，把低碳发展作为一条发展主线来抓。关于制造业低碳发展的近期要求是，至 2025 年，规模以上单位工业增加值能耗下降幅度相比 2015 年达到 34%，单位工业增加值二氧化碳排放量下降幅度相比 2015 年达到 40%，尽显高强度低碳发展要求。其核心理念是持续增强制造业的竞争能力。竞争能力的提高有两个内涵，第一是更低成本地生产出更加优质的产品，第二是更少负外部性地降低企业生产成本。这二者紧密相关，缺一不可。所谓负外部性，即生产行为对其他经济个体造成损害，但并不产生支付行为。碳排放便是产生负外部性的典型行为。生产过程中，碳排放造成全球气候变暖，海平面上升，不仅会危及一些海拔较低国家人民的生存，而且会引发飓风、洪涝、干旱等一系列的自然灾害，威胁人类的生存安全。碳减排工作不仅十分必要，而且十分艰巨。根据制造业高质量发展的相关文件，碳减排内涵应该包括以下 4 部分。

（1）满足分目标要求。前文提到，2009 年和 2014 年，我国相继提出碳排放经济总体约束要求，而要达到这一目标，经济各个行业应根据行业实际排放情况、排放占比来安排本行业的碳减排约束程度。重点抓好高耗能、高排放减排 2/3 工作，推进行业整体节能降耗进程，大力发展绿色能源产业。制造业碳排放持续占到经济总排放 2/3 以上，应该作为碳减排的首要行业来对待，确保完成碳减排相应指标分配任务，助力国家碳减排总体目标实现。

（2）制定分行业计划。行业能耗结构不同，能耗大小不同，产值规模不同，导致碳强度不同。制造业内部产业结构调整思路应该为严格控制高耗能、重污染、强排放行业，淘汰落后产能，逐步形成精简集约、优质高效的生产格局。

（3）落实分阶段任务。碳减排目标的实现非一朝一夕完成，而需步步为营达成。针对高污染行业，直接大幅减排将导致行业产出迅速下降，企业效益迅速恶化，市场供给迅速减少。一方面，会导致市场产品短缺，消费者需求不能及时足量得到满足，福利水平下降；另一方面，行业规模萎缩将引发裁员浪潮，增加失业人数，影响社会稳定。所以，碳减排应该稳步推进，制定详细分阶段任务。

（4）保障分举措实施。减排措施的执行应该充分全面，减排力度的落实应该适量适度，减排保障的方案应该具体完善。碳减排的成功推进应该赖以碳税制度化、碳排放权市场化、新技术引进、政府政策扶持、资金补贴、新能源利用与推广等多种制度、政策的推行，优化碳减排环境，营造碳减排良好氛围。

7.2　碳减排路径

碳减排路径应该契合制造业高质量发展的产业发展新要求，技术演进新趋势，结构调整新局面。制造业高质量发展提出全面推行绿色制造的战略任务，在技术推广、产业改造、资源利用、绿色体系等多方面取得突破性进展。绿色制造工程的推进，涵盖了碳减排工程的推进。碳减排工程的实施，助力绿色制造工程的实现。

（1）着力完善碳排放相关制度体系，营造低碳发展有利环境。一是着力推进碳排放权连接，完善碳排放权交易体系。随着 2011 年 10 月国家发改委批准北京市等 7 省（区市）开展碳排放权交易试点，碳排放的相关制度体系逐渐建立。然而，地区之间的不连接易造成市场功能发挥不全面等问题，不能充分起到降低碳排放成本的作用。二是大力提高碳减排补贴，推广节能减排技术应用。对高排放行业，如黑色金属冶炼制品业、非金属矿物制品业、化学原料及化学品制品业等行业，制定详细减排补贴标准，引导节能减排技术研发和应用，助力行业企业减排起步增速。三是全力完善奖惩体系，调节碳减排行为。积极奖励碳减排模范企业，严格惩处碳减排不法企业。四是强化监管程度。逐步形成企业生产绿色评价体系，完善评价指标，细化评价内容，实现企业生产碳排放水平可视化、公开化，倒逼企业节能减排。

（2）强力改善生产制造方式，加快制造业绿色改造升级。通过改造传统制造业，研发绿色公益技术装备，应用清洁加工工艺，实现绿色生产。以绿色产品研发应用为重点，以绿色技术工艺推广为动力，提升终端用能产品能效水平，淘汰落后机电产品技术。促进新型产业绿色起步发展，通过降低产品生产使用能耗，建设绿色数据中心及绿色基站等途径，强力推动新材料、新能源、高端装备、生物产业绿色低碳发展。提高生产的互联网使用水平，大力培育"3D 打印"等新兴制造业，部分替代原有生产方式，促进能耗水平下降。

（3）大力优化产业结构布局，推动制造业整体提质增效。一是加快明晰产业结构变动与碳排放之间的关联传导机制。通过准确切入，谨慎调控，实现产业结构优化与碳减排的共赢。厘清产业结构背后的能源消耗结构、市场需求结构、产业链条结构、价值链条结构，科学评定产业碳排放绩效，准确衡量产业碳排放成本收益。二是重点控制高排放、高耗能、高污染行业。通过分析行业产品市场需求，评价行业产能过剩程度，淘汰落后、过剩产能，提高能源利用率。关停、整改、合并一批小规模、低效益、高排放的小型工厂，推动企业生产规模经济发展，减少资源浪费。三是积极发展绿色低碳制造行业企业。通过突破"新一代信息技术、高端装备、新材料、生物医药"等新兴制造行业战略发展，逐步形成制造企业绿色生产新模式，稳步铺设制造企业低碳生产新路径，以"建设新路"为模范典型，带动"老路改造"。四是优化区域布局，实现特色企业集聚发展。科学规划高排放企业集聚发展，扎堆生产，不仅有利于形成减排生产技术设备的共享和利用，而且有利于互通有无，加强沟通和合作，实现协同效应。低排放企业同样可以利用集聚经营形成特色产业园区，打造绿色生产区。五是科学评价产业失衡发展水平，量化分析产业失衡与碳减排关系，寻求恢复产业均衡发展与碳减排进程推进的共赢局面。产业失衡发展水平衡量应综合考虑劳动、资本、技术等生产要素的生产效率，通过全面科学评价，促进资源的合理流动，逐步形成低碳化发展趋势下的资源配置合理结构。

（4）全力改善能源消费结构，推进制造业能源利用效率。一是推广普及新能源利用。通过逐步淘汰，稳步改进，减少对煤炭、石油等高污染排放能源的使用比例，逐步改变煤炭的绝对主导地位，加大对核能、风能、太阳能等新能源和可再生能源的利用程度，从消费源头上减少污染排放。二是推进能源资源高效利用。通过研发先进能源使用技术，提高能源消耗效率，间接降低能耗，减少碳排放。在绿色低碳能源使用提高过程中，逐步开展园区企业分布式绿色智能微电网建设，降低能耗水平。在行业层面展开循环生产方式普及，带动企业、园区、行业三个层面互通有无、共生链接、资源共享。扎实推进资源再生利用产业规范化和规模化并向发展，提高再制造业发展规模水平。

（5）合理优化产业区域分布，促进制造业集聚发展。依托国际市场化程度深化的发展环境，坚持制造业集聚发展，强化制造业集聚规模，提高制造业集聚水平。完善产业园区技术资源共享机制，逐步形成集聚程度高、共享性机制全的制造业良好空间布局。一是推进东南沿海一带制造业集聚水平新提升。改革开放以来，制造业在以广东为典型代表的东南沿海一带集聚发展，形成特色产业区，有利于碳减排技术的推广应用。二是改进内陆地区制造业分布格局，以大集聚带动小集聚，以小集聚带动小分散，稳步提高内陆地区制造业集聚水平。

（6）全面建立完善环境倒逼机制，带动制造业淘汰落后产能。企业分散小规模经营，生产设施重复建设，导致生产效率低下，资源浪费严重。通过建立严格的环境倒逼机制，可以促使企业更有动力主动实施升级改造。具体环节上，应着力抬高技术准入门槛，从根源上控制"两高一资行业"无序发展，倒逼企业提质增效。

7.3 低碳导向的产业选择

新一代信息技术、高端装备、新材料、生物医药等产业逐渐成为战略发展重点，引导社会资源汇集，合力推进新的经济增长点产生发展。战略性新兴产业的形成和发展是我国制造业实现转型升级的必经步骤，也是助推制造业国际竞争力实现跨越式提升的关键路径。新兴产业发展，传统产业改造，如何与低碳化发展并行，是面对环境规制程度趋紧这一政策环境，制造业转型升级亟待解决的问题。

（1）推动制造业传统高耗能产业发展实现新突破。传统高耗能产业是制造业固有优势产业，劳动力资源密集程度高，资源能源消耗强度大，产出产值规模大。张明志（2015）测算发现，黑色金属冶炼制品业、非金属矿物制品业、化学原料及化学品制品业化石能源消耗碳排放，在 1991~2012 年平均占到制造业总体排放的 66%。2011 年，三大行业的产值规模占制造业总产值的 25%。可以发现，龙头碳排放企业产值水平仍然较低，碳排放绩效亟待提高。通过小企业、小工厂的合并关停，新节能技术的推广应用，逐步实现高耗能产业的节能降耗，推动碳排放绩效提高。重点学习借鉴西方国家煤炭高效利用技术，通过技术研发逐步解决低质煤炭提质、煤炭气化液化、混煤燃烧系统开发、高效燃烧系统开发、超临界循环系统和零排放等核心技术问题，推广超临界、整体煤气化联合循环等先进发电技术，发展以煤气化为基础的多联产技术。

（2）促进制造业新兴数字化产业发展实现新转折。新兴数字化产业是以新材料技术、3D 打印技术、智能化技术、新工艺、机器人和网络服务业为代表的新兴发展产业，与信息技术、互联网存在密切关联。其中，新材料技术被誉为"发明之母"和"产业粮食"，3D 打印更是应用程度广泛。3D 打印是一种快速成型技术，通过数字模型文件，运用粉末状金属或塑料等黏合材料，逐层打印来构造物体。通过 3D 打印，省去了铸造、裁剪等边角料的浪费，节约了库存能耗，减少碳排放和原材料消耗，提高了要素使用效率。

（3）推进制造业绿色能源产业发展取得新进展。制造业高质量发展提出了全面推行绿色制造的战略任务，把绿色能源产业发展摆在更加重要的位置。绿色能源产业不仅包括绿色改造后的传统钢铁、有色、化工、建材、轻工、印染等产业，而且包括新能源、高端装备、生物产业等绿色高起点发展的新兴产业。绿色能源包括大中型水电、现代生物质能、新可再生能源三类。与传统化石能源相比，绿色能源具有可再生、低碳环保的宝贵特质。绿色能源的普及利用，不仅可以降低碳排放水平，而且有利于制造业的可持续发展，进而保持经济长期稳定增长。

（4）拉动制造业新兴材料产业发展取得新跨越。新材料按照材料属性，可以分为金属材料、无机非金属材料、有机高分子材料、先进复合材料四类。新材料的定位是绿色、高效、低耗、可回收再利用等低碳特色，将资源、能源、环境的协调发展摆在更加重要的位置。新材料的出现可以逐步减少对钢材的依赖，降低钢材生产能耗。通过家电下乡和以旧换新等项目的推进实施，逐步形成新材料替代率提高，实现产业材料发展转型，带动制造业提档升级。

7.4 环境规制失灵及其纠正

环境规制直接含义为出于对环境保护的目的，出台一系列措施和指标，以提高企业产生环境负外部性行为的代价和成本。在以往的研究中，环境规制根据规制强度大小可以分为三类：直接规制、经济工具和"软"手段。直接规制是指通过出台硬性的标准、命令与控制手段强制企业执行，这种方法简单直接，收效快，但对经济发展、结构合理有较大负面影响。经济工具则是借助市场，通过实行一些合理制度，引导企业向低碳化方向发展，实现低碳发展与企业发展的共赢。经济手段收效较慢，但是对经济发展、结构合理，有较大正面影响，而且可以实现低碳的可持续发展。经济手段主要包括税费、可交易的排放许可证等。其中可交易的排放权许可证是极为重要的一个经济手段，它是指通过将污染排放权标价进行交易，企业如果想排污，必须取得该许可证。这种手段会让企业在购买许可证和研发先进技术之间进行权衡，最终的结果将是研发成本高的企业购买许可证，而研发成本低的企业选择研发先进技术。因此，可交易的排放权许可证可以降低经济减排成本。"软"手段则是指政府出台的一些资源产业协议、环境认证方案等，对企业污染排放具有一定约束力，但并非强制。

然而在环境规制过程中，需要避免绿色悖论的发生。所谓绿色悖论，是指政府为碳减排而制定的一系列路线、方针、政策，然而由于在实际运转的过程中，出现其他因素的动态变化，所以最终导致碳排放不降反升的局面出现。绿色悖论本质上是良好的初衷产生了不理想的结果。以年税收为例，政府出台严格的碳税政策和化石能源消费政策，从而增加企业碳排放成本和化石能源消耗成本，显而易见，本来应该可以降低碳排放和化石能源的消耗。然而，化石能源开采者产生了一种预期：环境规制会在未来不断增强，这就让开采者大幅提前开采，从而导致化石能源供应量大大增加，化石能源价格下降，需求量不降反升，导致碳排放增加。所以，在碳减排方案制定的过程中应该厘清方案与碳减排之间的传导机制，引导企业行为真正向低碳方向发展。

环境规制可以通过能源消费结构、产业结构、技术创新和外商直接投资（FDI）四条渠道对碳排放产生间接影响。由于环境规制会增加化石能源消耗成本，所以会推动化石能源消耗量降低，风能、太阳能等新能源应用增多。高污染行业生产面临较高成本上升，一些经营不善的企业会因无法承受高额减排成本而选择关停或倒闭，刺激高污染行业规模下降，另一方面，又会将资金引入技术领先、低排放行业中去，促进产业结构低碳化发展。环境规制带来的高排放成本会刺激企业通过寻求先进技术来改善生产状况，降低排放水平。环境规制的强度可以影响到FDI的大小水平，而FDI的大小将影响到碳排放。FDI对碳排放的影响通过两种机制进行传递，即"污染光环"和"污染避难所"。一方面，FDI带来先进技术，从而令东道国普及更多节能减排技术，从而由于碳减排进展，产生"污染光环"效应。另一方面，FDI的产生是由于本国较强的环境规制强度，而发展中国家规制强度较为宽松，可以为外资生产降低不少排放成本，从这个角度讲，发达国家存在污染产业转移的可能。

7.5　小　　结

顺应世界经济发展趋势，我国政府适时提出与制造业高质量发展相关的发展战略，应对新工业革命和科技变革挑战。新工业革命背景下，制造业低碳化发展成为一大趋势。新时期碳减排内涵应该包括满足目标要求、制定分行业计划、落实分阶段任务、保障分举措实施四方面内容，制造业转型升级与碳减排之间存在兼容性，碳减排路径应该涵盖完善相关制度体系、改善生产制造方式、优化产业结构布局、改善能源消费结构、优化产业区域分布、完善倒逼行动机制六方面内容，低碳导向产业选择应该包括高耗能传统产业、数字化产业、绿色能源产业、新兴材料四大重点领域。

参 考 文 献

[1] 蔡博峰：《煤炭燃烧 CO_2 排放因子研究进展》，载于《煤炭经济研究》2011 年第 1 期，第 56~68 页。

[2] 陈强：《高级计量经济学及 Stata 应用（第二版）》，高等教育出版社 2014 年版。

[3] 陈诗一：《中国绿色工业革命：基于环境全要素生产率视角的解释（1980~2008）》，载于《经济研究》2010 年第 11 期，第 21~34、58 页。

[4] 陈诗一、严法善、吴若沉：《资本深化、生产率提高与中国二氧化碳排放变化——产业、区域、能源三维结构调整视角的因素分解分析》，载于《财贸经济》2010 年第 12 期，第 111~119、145 页。

[5] 陈诗一：《中国工业分行业统计数据估算：1980~2008》，载于《经济学（季刊）》2011 年第 3 期，第 735~776 页。

[6] 樊纲、苏铭、曹静：《最终消费与碳减排责任的经济学分析》，载于《经济研究》2010 年第 1 期，第 4~14 页。

[7] 付加峰、高庆先、师华定：《基于生产与消费视角的 CO_2 环境库兹涅茨曲线的实证研究》，载于《气候变化研究进展》2008 年第 6 期，第 376~381 页。

[8] 干春晖、郑若谷、余典范：《中国产业结构变迁对经济增长和波动的影响》，载于《经济研究》2011 年第 5 期，第 4~16 页。

[9] 郭朝先：《中国二氧化碳排放增长因素分析——基于 SDA 分解技术》，载于《中国工业经济》2010 年第 12 期，第 47~56 页。

[10] 韩玉军、陆旸：《经济增长与环境的关系——基于对 CO_2 的环境库兹涅茨曲线的实证研究》，载于《经济理论与经济管理》2009 年第 3 期，第 5~11 页。

[11] 何小钢、张耀辉：《中国工业碳排放影响因素与 CKC 重组效应——基于 STIRPAT 模型的分行业动态面板数据实证研究》，载于《中

国工业经济》2012 年第 1 期，第 26 ~ 35 页。

［12］李宝瑜、高艳云：《产业结构变化的评价方法探析》，载于《统计研究》第 12 期，第 65 ~ 67 页。

［13］李钢、廖建辉：《基于碳资本存量的碳排放权分配方案》，载于《中国社会科学》2015 年第 7 期，第 66 ~ 81 页。

［14］李国志、李宗植：《人口、经济和技术对二氧化碳排放的影响分析——基于动态面板模型》，载于《人口研究》2010 年第 3 期，第 32 ~ 39 页。

［15］李锴、齐绍洲：《贸易开放、经济增长与中国二氧化碳排放》，载于《经济研究》2011 年第 11 期，第 60 ~ 72 页。

［16］李克强：《政府工作报告》，载于《人民日报》2015 年 3 月 17 日。

［17］李健、周慧：《中国碳排放强度与产业结构的关联分析》，载于《中国人口·资源与环境》2012 年第 1 期，第 7 ~ 14 页。

［18］李绍萍、郝建芳、王甲山：《东北地区碳排放与产业结构关系的实证研究——基于 1995 ~ 2012 年数据分析》，载于《中国石油大学学报：社会科学版》2014 年第 5 期，第 19 ~ 24 页。

［19］李小平、卢现祥：《国际贸易、污染产业转移和中国工业 CO_2 排放》，载于《经济研究》2010 年第 1 期，第 15 ~ 26 页。

［20］林伯强、蒋竺均：《中国二氧化碳的环境库兹涅茨曲线预测及影响因素分析》，载于《管理世界》2009 年第 4 期，第 27 ~ 36 页。

［21］林伯强、刘希颖：《中国城市化阶段的碳排放：影响因素和减排策略》，载于《经济研究》第 8 期，第 66 ~ 78 页。

［22］刘红光、刘卫东：《中国工业燃烧能源导致碳排放的因素分解》，载于《地理科学进展》2009 年第 2 期，第 285 ~ 292 页。

［23］刘世锦：《中国经济增长十年展望——在改革中形成增长新常态》，中信出版社 2014 年版。

［24］刘再起、陈春：《低碳经济与产业结构调整研究》，载于《国外社会科学》2010 年第 3 期，第 21 ~ 27 页。

［25］鲁万波、仇婷婷、杜磊：《中国不同经济增长阶段碳排放影响因素研究》，载于《经济研究》2013 年第 4 期，第 106 ~ 118 页。

［26］吕明元、尤萌萌：《韩国产业结构变迁对经济增长方式转型

的影响》，载于《世界经济研究》2013 年第 7 期，第 73~81 页。

[27] 森德勒主编，邓敏、李现民译：《工业 4.0：即将来袭的第四次工业革命》，机械工业出版社 2014 年版。

[28] 申萌、李凯杰、曲如晓：《技术进步、经济增长与二氧化碳排放：理论和经验研究》，载于《世界经济》2012 年第 7 期，第 83~100 页。

[29] 孙建卫、赵荣钦、黄贤金、陈志刚：《1995~2005 年中国碳排放核算及其因素分解研究》，载于《自然资源学报》2010 年第 8 期，第 1284~1295 页。

[30] 谭丹、黄贤金：《我国东、中、西部地区经济发展与碳排放的关联分析及比较》，载于《中国人口·资源与环境》2008 年第 3 期，第 54~55 页。

[31] 陶长琪、宋兴达：《我国 CO_2 排放、能源消耗、经济增长和外贸依存度之间的关系——基于 ARDL 模型的实证研究》，载于《南方经济》2010 年第 10 期，第 49~60 页。

[32] 田洪川、石美遐：《制造业产业升级对中国就业数量的影响研究》，载于《经济评论》2013 年第 5 期，第 68~78 页。

[33] 涂正革：《中国碳减排路径与战略选择——基于八大行业部门碳排放量的指数分解分析》，载于《中国社会科学》2012 年第 3 期，第 78~94 页。

[34] 王峰、吴丽华、杨超：《中国经济发展中碳排放增长的驱动因素研究》，载于《经济研究》2010 年第 2 期，第 123~136 页。

[35] 王文举、李峰：《国际碳排放核算标准选择的公平性研究》，载于《中国工业经济》2013 年第 3 期，第 59~71 页。

[36] 吴晓蔚、朱法华、周道斌、万方：《2007 年火电行业温室气体排放量估算》，载于《环境科学研究》2011 年第 8 期，第 890~896 页。

[37] 吴振信、谢晓晶、王书平：《基于中国东、中、西部面板数据的碳排放和产值结构关系研究》，载于《中国人口·资源与环境》2012 年第 11 期，第 31~36 页。

[38] 夏艳清：《中国环境与经济增长的定量分析》，东北财经大学博士学位论文 2010 年。

[39] 许广月、宋德勇：《我国出口贸易、经济增长与碳排放关系

的实证研究》，载于《国际贸易问题》2010 年第 1 期，第 37 ~ 47 页。

[40] 闫云凤、赵忠秀、王苒：《基于 MRIO 模型的中国对外贸易隐含碳及排放责任研究》，载于《世界经济研究》2013 年第 6 期，第 54 ~ 58 页。

[41] 姚旻、蔡绍洪：《低碳经济背景下的产业结构调整研究》，载于《理论探讨》2012 年第 6 期，第 94 ~ 97 页。

[42] 姚昕、刘希颖：《基于增长视角的中国最优碳税研究》，载于《经济研究》2010 年第 11 期，第 48 ~ 58 页。

[43] 闫坤、刘陈杰：《我国"新常态"时期合理经济增速的测算》，载于《财贸经济》2015 年第 1 期，第 17 ~ 26 页。

[44] 余东华、胡亚男、吕逸楠：《新工业革命背景下"中国制造"2025 的技术创新路径和产业选择研究》，载于《天津社会科学》2015 年第 4 期，第 17 ~ 26 页。

[45] 余东华、张明志：《"异质性难题"化解与碳排放 EKC 再检验——基于门限回归的国别分组研究》，载于《中国工业经济》2016 年第 7 期，第 57 ~ 73 页。

[46] 虞义华、郑新业、张莉：《经济发展水平、产业结构与碳排放强度》，载于《经济理论与经济管理》2011 年第 3 期，第 72 ~ 81 页。

[47] 于左、孔宪丽：《产业结构、二氧化碳排放和经济增长》，《经济管理》2013 年第 7 期，第 24 ~ 34 页。

[48] 袁鹏、程施、刘海洋，《国际贸易对我国 CO_2 排放增长的影响——基于 SDA 与 LMDI 结合的分解法》，载于《经济评论》2012 年第 1 期，第 122 ~ 132 页。

[49] 原毅军、董琨：《产业结构的变动与优化：理论解释和定量分析》，大连理工大学出版社 2008 年版。

[50] 张明志：《我国制造业细分行业的碳排放测算——兼论 EKC 在制造业的存在性》，载于《软科学》2015 年第 9 期，第 113 ~ 116 页。

[51] 张明志、余东华：《新工业革命背景下"中国制造 2025"的碳减排路径和产业选择研究》，载于《现代经济探讨》2016 年第 1 期，第 12 ~ 16 页。

[52] 张明志、余东华：《制造业低碳化导向的供给侧改革研究》，载于《财经科学》2016 年第 4 期，第 58 ~ 68 页。

［53］张明志：《供给侧改革如何操控？——优化评价、运行逻辑、调控原则和关系处理》，载于《现代经济探讨》2016 年第 9 期，第 16 ~ 20 页。

［54］张友国：《经济发展方式变化对中国碳排放强度的影响》，载于《经济研究》2010 年第 4 期，第 120 ~ 133 页。

［55］周达：《中国制造业结构变动研究 1981 ~ 2006》，知识产权出版社 2008 年版。

［56］周国富、朱倩：《出口隐含碳排放的产业分布及优化对策研究》，载于《统计研究》2014 年第 10 期，第 21 ~ 28 页。

［57］朱聆：《中国制造业能源消耗碳排放分析》，复旦大学硕士学位论文 2012 年。

［58］朱勤、彭希哲、陆志明、吴开亚：《中国能源消费碳排放变化的因素分解及实证分析》，载于《资源科学》2009 年第 12 期，第 2072 ~ 2079 页。

［59］邹庆：《基于面板门限回归的中国碳排放 EKC 研究》，载于《中国经济问题》2015 年第 4 期，第 36 ~ 42 页。

［60］Acemoglu, D., 1998, "Why Do New Technologies Complement Skills? Directed Technical Change and Wage Inequality. " *Quarterly Journal of Economics*, 113 (4), pp. 1055 – 1089.

［61］Acemoglu, D., P. Aghion, L. Bursztyn, and D. Hernous, 2009, "The Environment and Directed Technical Change. " NBER Working Paper, No. 15451.

［62］Aghion, P., and P. Howitt, 1992, "A Model of Growth Through Creative Destruction. " *Econometrica*, 60 (2), pp. 323 – 351.

［63］Agras, J., and D. Chapman, 1999, "A Dynamic Approach to the Environmental Kuznets Curve Hypothesis. " *Ecological Economics*, 28 (2), pp. 267 – 277.

［64］Antweiler, W., B. R. Copeland, and M. S. Taylor, 2001, "Is Free Trade Good for the Environment. " *American Economic Review*, 91 (4), pp. 876 – 908.

［65］Azomahou, T., F. Laisney, and P. N. Van, 2006, "Economic Development and CO_2 Emissions: A Nonparametric Panel Approach. " *Jour-*

nal of Public Economics, 90 (6 – 7), pp. 1347 – 1363.

[66] Baldwin, R., 1995, "Does sustainability require growth?." The Economics of Sustainable Development, Paris: OECD, pp. 51 – 58.

[67] deBruyn, S. M., and J. B. Opschoor., 1997, "Developments in the Throughout – Income Relationship: Theoretical and Empirical Observations." *Ecological Economics*, 20 (3), pp. 255 – 268.

[68] Cole, M. A., 2004, "Trade, the Pollution Haven Hypothesis and the Environmental Kuznets Curve: Examining the Linkages." *Ecological Economics*, 48 (1), pp. 71 – 81.

[69] Dietz, T., and E. A. Rosa, 1994, "Rethinking the Environmental Impacts of Population, Affluence, and Technology." *Human Ecology Review*, (1), pp. 277 – 300.

[70] Dietz, T., and E. A. Rosa, 1997, "Effects of Population and Affluence on CO_2 Emissions." *Proceedings of the National Academy of Sciences of the United States of America*, 94 (5), pp. 175 – 179.

[71] Dietzenbacher, E., J. Pei, and C. Yang, 2012, "Trade, Production Fragmentation, and China's Carbon Dioxide Emissions." *Journal of Environmental Economics and Management*, 64 (1), pp. 88 – 101.

[72] Di Maria, C., and S. Valente, 2006, "The Direction of Technical Change in Capital – Resource Economics." ETH Zürich Working Paper.

[73] Duro, J. A., and E. Padilla, 2006, "International Inequalities in Per Capita CO_2 Emissions: A Decomposition Methodology by Kaya Factors." *Energy Economics*, 28 (2), pp. 170 – 187.

[74] Ehrlich, P. R., and J. P. Holdren, 1971, "Impact of Population Growth." *Science*, 171 (3), pp. 1212 – 1217.

[75] Engle, R. F., and C. W. J. Granger, 1987, "Co-integration and Error Correction: Representation, Estimation, and Testing." *Econometrica*, 55, pp. 251 – 276.

[76] Forster, B. A., 1980, "Optimal Energy Use in a Polluted Environment." *Journal of Environmental Economics and Management.* 7, pp. 321 – 333.

[77] Friedl, B. and M. Getzner, 2003, "Determinants of CO_2 Emissions in a Small Open Economy. " *Ecological Economics*, 45 (1), pp. 133 – 148.

[78] Galeottia, M., and A. Lanza, 2005, "Desperately Seeking Environmental Kuznets. " *Environmental Modelling & Software*, 20 (11), pp. 1379 – 1388.

[79] Grimaud, A. and L. Rouge, 2008, "Environment, Directed Technical Change and Economic Policy. " *Environmental and Resource Economics*, 41 (4), pp. 439 – 463.

[80] Grossman, G. M, and A. B. Krueger, 1991, "Environmental Impacts of a North American Free Trade Agreement. " NBER Working Paper.

[81] Grubler, A., N. Nakićenović, and W. D. Nordhaus., 2002, "Technological Change and the Environment. " *Resources for the Future Press*.

[82] Hansen B. E., 1999, "Threshold Effect in Non – dynamic Panels: Estimation, Testing and Inference. " *Journal of Econometrics*, 93 (2), pp. 345 – 368.

[83] He, J., and P. Richard, 2010, "Environmental Kuznets Curve for CO_2 in Canada. " *Ecological Economics*, 69 (5), pp. 1083 – 1093.

[84] Henrik H., 2011, "The Burden of Proof in Trade Dispute and the Environment. " *Journal of Environment Economics and Management*, 62 (1), pp. 15 – 29.

[85] Holtz – Eakin, D. and T. M. Selden, 1995, "Stoking the Fires? CO_2 Emissions and Economic Growth. " *Journal of Public Economics*, 57 (1), pp. 85 – 101.

[86] Jaffe, A. B., S. R. Peterson, P. R. Portney, and R. N. Stavins, 1995, "Environmental Regulation and the Competitiveness of U. S. Manufacturing: What Does the Evidence Tell Us. " *Journal of Economic Literature*, 33 (1), pp. 132 – 163.

[87] Janicke, M., M. Binder, and H. Monch, 1997, "Dirty Industries: Patterns of Change in Industrial Countries. " *Environmental and Re-*

source Economics, 9 (4), pp. 467 – 491.

[88] Johansen, S., 1988, "Statistical Analysis of Cointegration Vectors." *Journal of Economic Dynamics and Control*, 12 (2 – 3), pp. 231 – 254.

[89] Johansen, S., and K. Juselius, 1990, "The Full Information Maximum Likelihood Procedure for Inference on Cointegration – With Application to the Demand for Money." *Oxford Bulletin of Economics and Statistics*, 52, pp. 169 – 210.

[90] Kaya, Y., 1989, "Impact of Carbon Dioxide Emission on GNP Growth: Interpretation of Proposed Scenarios. Presentation to the Energy and Industry Subgroup." Response Strategies Working Group, IPCC, Paris.

[91] Lata, C., and X. L. Han, 1997, "Impacts of Growth and Structural Change on CO_2 Emissions of Developing Countries." *World Development*, 25 (3), pp. 395 – 407.

[92] Levinson, A., and M. S. Taylor, 2008, "Unmasking the Pollution Haven Effect." *International Economic Review*, 49 (1), pp. 223 – 254.

[93] Liu, L., Y. Fan, G. Wu, et al., 2007, "Using LMDI Method to Analyze the Change of China's Industrial CO_2 Emissions from Final Fuel Use: An Empirical Analysis." *Energy Policy*, 35 (11), pp. 5892 – 5900.

[94] Liu, C. M., M. S. Duan, X. L. Zhang, J. T. Zhou, L. L. Zhou, and G. P. Hu, 2011, "Empirical Research on the Contributions of Industrial Restructuring to Low-carbon Development." *Energy Procedia*, 5, pp. 834 – 838.

[95] McCollum, D., and C. Yang, 2009, "Achieving Deep Reductions in US Transport Greenhouse Gas Emissions: Scenario Analysis and Policy Implications." *Energy Policy*, 37 (12), pp. 5580 – 5596.

[96] López, R., 1994, "The Environment as a Factor of Production: the Effects of Economic Growth and Trade Liberalization." *Journal of Environmental Economics and Management*, 27 (2), pp. 163 – 184.

[97] Manne, A. S. and R. G. Richels, 2004, "The Impact of Learning-by-doing on the Timing and Costs of CO_2 Abatement." *Energy Economics*,

26 (4), pp. 603 – 619.

[98] Newell, R. G., A. B. Jaffe, and R. N. Stavins, 1999, "The Induced Innovation Hypothesis and Energy – Saving Technological Change. " *Quarterly Journal of Economics*, 114 (3), pp. 941 – 975.

[99] Nordhaus, W. D., 1974, "Resources as a Constraint on Growth. " *American Economic Review*, 64 (2), pp. 22 – 26.

[100] Nordhaus, W. D., 1992, "The 'DICE' Model: Background and Structure of a Dynamic Integrated Climate – Economy Model of the Economics of Global Warming. " Cowles Foundation Discussion Papers 1009.

[101] Nordhaus, W. D. and Z. Yang, 1996, "A Regional Dynamic General – Equilibrium Model of Alternative Climate – Change Strategies. " *American Economic Review*, 86 (4), pp. 741 – 765.

[102] Nordhaus, W. D., and J. Boyer, 2000, "Warming the World: Economic Models of Global Warming. " *MIT Press.*

[103] Nordhaus, W. D., 2002, "Modeling Induced Innovation in Climate Change Policy. " *Resources for the Future Press.*

[104] Nordhaus, W. D., 2010, "Economic Aspects of Global Warming in a Post – Copenhagen Environment. " *Proceedings of the National Academy of Sciences of the United States of America*, 107 (26), pp. 11721 – 11726.

[105] Nordhaus, W. D., and S. Paul, 2013, "DICE 2013R: Introduction and User's Manual. " http: //www. econ. yale. edu/ ~ nordhaus/ homepage/.

[106] Peters, G., and E. Hertwich, 2008, "CO_2 Embodied in International Trade with Implications for Global Climate Policy. " *Environment Science and Technology*, 42 (5), pp. 116 – 128.

[107] Popp, D., 2002, "Induced Innovation and Energy Price. " *American Economic Review*, 92 (1), pp. 160 – 180.

[108] Qi, T. Y., N. Winchester, V. J. Karplus, et al., 2014, "Will Economic Restructuring in China Trade – Embodied CO_2 Emissions?. " *Energy Economics*, 42 (3), pp. 204 – 212.

[109] Richmond, A. K., and R. K. Kaufmann, 2006, "Is There A

Turning Point in the Relationship between Income and Energy Use and/or Carbon Emissions. " *Ecological Economics*, 56 (2), pp. 176 – 189.

［110］Roca, J. , and V. A. Hntara, 2001, "Energy intensity, CO_2 Emissions and the Environmental Kuznets Curve: The Spanish Case. " *Energy Policy*, (7), pp. 553 – 556.

［111］Selden, T. M. , and D. Song, 1994, "Environmental Quality and Development: Is There a Kuznets for Air Pollution Emissions?. " *Journal of Environmental Economics and Management*, 27 (2), pp. 147 – 162.

［112］Shafik, N. , and S. Bandyopadhyay, 1992, "Economic Growth and Environmental Quality: Time Series and Cross-country Evidence. " World Bank Policy Research Working Paper, No. 904.

［113］Sharif, H. , 2011, "Panel Estimation for CO_2 Emission, Energy Consumption Economic Growth, Trade Openness and Urbanization of Newly Industrialized Countries. " *Energy Policy*, 39 (11), pp. 6991 – 6999.

［114］Su, B. , B. W. Ang, and M. Low, 2013, "Input-output Analysis of CO_2 Emissions Embodied in Trade and the Driving Forces: Processing and Normal Exports. " *Ecological Economics*, 88 (4), pp. 119 – 125.

［115］SueWing, J. , 2003, "Induced Technical Change and the Cost of Climate Policy. " MIT Joint Program on the Science and Policy of Global Change Technical Report 102.

［116］Yang, C. , D. McCollum, R. McCarthy, et al. , 2009, "Meeting an 80% Reduction in Greenhouse Gas Emissions from Transportation by 2050: A Case Study in California. " *Transportation Research Part D: Transport and Environment*, (3), pp. 147 – 156.

［117］York, R. , E. A. Rosa, and T. Dietz, 2003, "Stirpat, Ipat and Impact: Analytic Tools for Unpacking the Driving Forces of Environmental Impacts. " *Ecological Economics*, 46 (3), pp. 351 – 365.

［118］Waggoner, P. E. , J. H. Ausubel, 2002, "A Framework for Sustainability Science: A Renovated Ipat Identity. " *Proceedings of the National Academy of Sciences*, (12), pp. 7860 – 7865.

［119］Weber, C. L. and H. S. Matthews, 2007, "Embodied Environmental Emissions in U. S International Trade, 1997 – 2004. " *Environment*

Science Technology, 36（8）, pp. 4875 – 4881.

［120］Westerlund, J. , 2007, "Testing for Error Correction in Panel Data." *Oxford Bulletin of Economics and Statistics*, 69（6）, pp. 345 – 368.

［121］Zhang, Z. X. , and Q. Xue, 2011, "Low-carbon Economy, Industrial Structure and Changes in China's Development Mode Based on the Data of 1996 – 2009 in Empirical Analysis." *Energy Procedia*, （5）, pp. 2025 – 2029.